# 玉米重要产量性状基因的遗传分析与定位

关海英 等 著

中国农业科学技术出版社

**图书在版编目（CIP）数据**

玉米重要产量性状基因的遗传分析与定位 / 关海英等著 . -- 北京：中国农业科学技术出版社，2023.12
ISBN 978-7-5116-6630-7

Ⅰ . ①玉…　Ⅱ . ①关…　Ⅲ . ①玉米－基因工程－研究　Ⅳ . ① S513.035.3

中国国家版本馆 CIP 数据核字（2023）第 256101 号

**责任编辑**　李　华
**责任校对**　李向荣
**责任印制**　姜义伟　王思文

**出 版 者**　中国农业科学技术出版社
北京市中关村南大街 12 号　邮编：100081
**电　　话**　（010）82109708（编辑室）（010）82106624（发行部）
（010）82109709（读者服务部）
**网　　址**　https://castp.caas.cn
**经 销 者**　各地新华书店
**印 刷 者**　北京建宏印刷有限公司
**开　　本**　170 mm × 240 mm　1/16
**印　　张**　6.75
**字　　数**　112 千字
**版　　次**　2023 年 12 月第 1 版　2023 年 12 月第 1 次印刷
**定　　价**　78.00 元

# 《玉米重要产量性状基因的遗传分析与定位》

## 著者名单


主　著　关海英（山东省农业科学院玉米研究所）

　　　　徐相波（山东省农业科学院玉米研究所）

副主著　汪黎明（山东省农业科学院玉米研究所）

　　　　刘铁山（山东省农业科学院玉米研究所）

　　　　董　瑞（山东省农业科学院玉米研究所）

　　　　丁　一（山东省农业科学院玉米研究所）

　　　　董永彬（河南农业大学农学院）

参　著　何春梅（山东省农业科学院玉米研究所）

　　　　刘春晓（山东省农业科学院玉米研究所）

　　　　李华伟（山东省农业科学院作物研究所）

　　　　王　娟（山东省农业科学院玉米研究所）

　　　　张茂林（山东省农业科学院玉米研究所）

　　　　高日新（山东省农业科学院玉米研究所）

　　　　刘　强（山东省农业科学院玉米研究所）

　　　　姜　辉（山东省农业科学院经济作物研究所）

　　　　李延坤（山东省种子管理总站）

# 前　言

玉米是世界上重要的粮食作物，是动物饲料和工业原料的重要来源。在当前世界人口增长、人均耕地面积日趋减少的状况下，玉米产量已无法满足玉米市场的需要。玉米叶片是进行光合作用的重要器官，是作物产量形成的基础。玉米产量90%以上来自光合作用的积累，因此提高光合作用效率可以提高玉米产量。光合作用效率的高低与叶绿素含量及叶绿体形态、结构和数目的变化密切相关，而叶色突变体的表型主要由参与叶绿素生物合成与降解以及叶绿体分化和发育的基因控制，因此，叶色突变基因的克隆和功能分析对通过提高光合作用效率进而提高玉米产量具有重要的研究价值。

玉米也是重要的工业原料。在各种作物淀粉中，玉米淀粉具有最佳的化学组成，全球淀粉总量的80%左右来自玉米淀粉。玉米淀粉主要来自玉米籽粒中的胚乳部分，而胚乳部分占籽粒干重的70%～90%，因此解析与玉米胚乳发育与形成相关的功能基因对提高玉米产量和品质具有重要意义。

控制玉米叶色形成和籽粒发育的基因众多，已定位克隆的相关基因还远远不够。针对玉米中定位的控制叶色和籽粒发育的基因还比较少的问题，山东省农业科学院玉米研究所高产育种团队以玉米叶色突变体和籽粒发育缺陷突变体为材料，通过组配分离群体，开展相关基因的遗传分析；通过开发相连锁的分子标记，开展相关基因的定位和克隆，以期为玉米产量的提高和品质的改善提供基因资源。

本书中有些英文为行业术语，未作中文翻译。由于时间和水平所限，书中错误和疏漏之处在所难免，恳请读者批评指正。

著　者

2023年12月

# 目　录

# 1

# 玉米重要产量性状基因研究现状

## 1.1 分子标记的研究进展

### 1.1.1 分子标记特点

一是多态性丰富。

二是呈现共显性遗传。

三是数量多，分布广泛，能够遍布整个基因组。

四是选择中性（即无多基因效应）。

五是易于简单快速检测。

六是开发成本和使用成本低廉。

七是重复性好。

### 1.1.2 分子标记类型

从 20 世纪 80 年代初到现在，有数十种分子标记技术相继问世。迄今，已发展了多种以 DNA 为基础的分子标记，归纳起来主要包括以下 3 类。

一是基于 DNA 杂交的分子标记，如 RFLP（限制性片段长度多态性，Restriction fragment length polymorphism）标记。

二是基于 PCR 扩增的分子标记，如 RAPD（随机扩增多态性 DNA，Random amplified polymorphic DNA）、AFLP（扩增片段长度多态性，Amplified fragment length polymorphism）、SSR（简单重复序列，Simple sequence repeats）、InDel（插入缺失，Insertion-Deletion）和 CAPS（酶切扩增多态性序列，

Cleaved amplified polymorphic sequences）标记。

三是其他一些类型的分子标记，如 SNP（单核苷酸多态性，Single nucleotide polymorphism）标记和 KASP（竞争性等位基因特异性 PCR，Kompetitive allele spectific PCR）标记等。

## 1.2 玉米基因组及转录组研究进展

2008 年 2 月玉米基因组草图的获得使玉米成为继水稻之后第二种成功测序的农作物。2009 年美国科学家完成了玉米自交系 B73 的基因组测序工作（覆盖度达到 95%）（Schnable et al.，2009）。预测玉米基因组大小约为 2 500Mb，基因数量为 5 万～ 6 万个。测序小组已经将玉米基因组草图信息存入互联网基因测序公共数据库 maizeGDB，并且还在不断地更新数据。玉米基因组的大规模测序，有利于利用基因组序列信息发展足够多的分子标记。玉米的基因组信息及大量分子标记的开发为玉米基因的图位克隆提供了很大的便利，大大加速了基因定位的进程。目前，玉米基因的图位克隆工作如火如荼，国内外众多实验室都在利用图位克隆的方法克隆玉米重要基因。

转录组广义上是指某一生理条件下，细胞内所有转录产物的集合，包括信使 RNA、核糖体 RNA、转运 RNA 及非编码 RNA；狭义上是指一个活细胞所能转录出来的全部 mRNA 的总称。目前，研究转录组或表达谱的方法主要包括基因芯片及 RNA-Seq。下面主要介绍近些年来玉米转录组研究取得的进展。

Johnson et al.（2011）利用基因芯片技术对玉米 B73 幼苗、4 叶期和 6 叶期的茎分别进行基因表达分析，大约共有 3 334 个基因在这 3 个时期存在差异表达，其中 2 372 个基因是功能基因，余下的 962 个基因为假定蛋白或功能未知基因。Li et al.（2010）对正在发育的玉米叶片组织进行 RNA-Seq 测序分析，共检测到 25 800 个基因表达，其中 15 186 个和 15 548 个分别在维管束鞘和叶肉中特异表达，9 492 个存在可变剪切，20 999 个含有内含子。Zhang et al.（2011）对 B73 和 Mo17 自交及正反交 10d 的胚乳进行 RNA-Seq 测序分析，总共鉴定了 179 个印记基因（占编码蛋白基因的

1.6%），其中 111 个和 68 个分别属于父本印记和母本印记，另外还发现 38 个长非编码 RNAs。Dong et al.（2013）对玉米匍匐突变体 *la1-ref* 及野生型玉米茎秆的第三个节进行 RNA–Seq 测序分析，发现在突变体中有 931 个基因差异表达（差异水平在两倍及以上），并且这些差异基因被分成多个功能类型，包括 RNA 调节、转运及激素代谢等。Liu et al.（2016）对两个抗玉米青枯病近等基因系和一个感玉米青枯病近等基因系分别在接种禾谷镰刀菌 0h、6h 和 18h 后取样进行 RNA–Seq 分析，发现 7 252 个基因在 3 个近等基因系间存在差异表达，其中 1 070 个上调表达的基因在生长 / 发育，光合作用 / 生物源和防卫反应这些代谢途径富集。Xiao et al.（2016）以淀粉数量性状 *qHS3* 的 $BC_5F_2$ 近等基因系为材料，对授粉后 14d 和 21d 的籽粒进行 RNA–Seq 分析，结合基因组数据，鉴定出 76 个基因有单碱基非同义突变，384 个基因存在差异表达，包括一个在淀粉代谢途径中起关键作用的基因 *ZmHXK3a*。这些研究结果加深了对淀粉合成和在玉米籽粒中积累的理解，也为提高淀粉含量提供了候选基因。这些转录组测序所得数据都为未来的玉米基因组及转录组研究提供一定的数据参考，也为基因的图位克隆提供了方便。

## 1.3 玉米基因图位克隆

### 1.3.1 常用的分子标记

在基因定位研究中，最常用的是 SSR、SNP、CAPS 和 InDel 等标记。Tautz et al.（1989）发现简单重复序列普遍存在于真核生物的基因组中。

SSR 标记技术最早在 1989 年建立，其基本原理是：每个 SSR 座位两端的 DNA 序列多是相对保守的单拷贝序列，因此可根据两端的序列设计一对特异的引物，利用 PCR 技术，扩增每个位点的微卫星 DNA 序列，经聚丙烯酰胺凝胶电泳，分析其核心序列的长度多态性。SSR 的特点主要有：一是数量多，分布广，覆盖整个基因组；二是共显性遗传；三是容易检测，且重复性好；四是对 DNA 浓度及纯度要求不高，即使是部分降解的样品也能够检测；五是其标记带型简单，容易客观、明确一致的记录带型，便于实验室间交流。

SNP 标记最早由美国麻省理工学院的 Lander 在 1996 年提出。SNP 即单核苷酸多态性，是指在基因组上由于单个核苷酸的变异引起的 DNA 序列多态性，包括单个碱基的转换、颠换、插入或缺失。SNP 标记的主要特点有：一是分布广，多态性丰富；二是易于实现自动化分析；三是稳定遗传；四是 SNP 基因座的片段更短，更适合 PCR 扩增；五是易于对复杂性状进行连锁不平衡分析和关联分析。

CAPS 标记的基本原理是：根据有酶切位点差异的单拷贝 DNA 片段设计引物，进行 PCR 扩增，然后将 PCR 扩增产物用限制性内切酶酶切，然后用琼脂糖凝胶电泳将酶切产物不同大小的 DNA 片段分开。CAPS 标记也是一类共显性标记，目前被广泛应用于基因图位克隆。

InDel 标记是指基因组 DNA 片段上存在 2 个及以上核苷酸的插入或缺失，通过设计引物进行 PCR 扩增，然后将扩增产物通过聚丙烯酰胺凝胶电泳或琼脂糖凝胶电泳将大小不同的 DNA 片段区分开。InDel 标记也是一类共显性标记，且 PCR 产物容易检测，目前也被广泛应用于基因的图位克隆。

### 1.3.2 图位克隆技术

图位克隆又称定位克隆（Positional cloning），最早由剑桥大学的 Coulson 在 1986 年提出。随着各种植物的高密度遗传图谱和物理图谱的相继构建成功，为图位克隆方法提供了大量的分子标记和基因信息，使得图位克隆技术在植物的基因克隆中有着更广阔的应用前景。图位克隆是克隆编码产物未知基因的一种有效方法，其技术环节主要包括以下几个方面。

#### 1.3.2.1 作图群体的构建

常用的作图群体主要有 $F_2$、$BC_1$、DH（Doubled haploid）、RIL（Recombinant inbred lines）和 NIL（Near-isogenic lines）等多种类型。质量性状的单基因的克隆通常使用 $F_2$ 和 $BC_1$ 群体，数量性状的基因或 QTL 一般使用 DH、RIL 和 NIL。在构建作图群体时，为了方便后续多态性分子标记的开发，一般选择基因组已经或正在测序的自交系作为亲本之一。目前，玉米上主要选择 B73 和 Mo17 作为作图群体的亲本之一。

#### 1.3.2.2 目标基因紧密连锁分子标记的筛选与定位

与质量性状基因连锁标记的筛选，一般采用集团分离分析法（Bulked

segregant analysis，BSA）对覆盖玉米全基因组的 SSR 标记进行筛选，在亲本间和混合池间均有多态性的标记一般就是与目的基因连锁的多态性标记（Michelmore et al.，1991）；数量性状基因一般用两个亲本筛选多态性引物。然后利用多态性的标记，对 100 ～ 200 个小的分离群体进行基因型分析，结合作图软件构建初步的遗传连锁图，对目的基因进行初步定位。

在目标基因初步定位的基础上，一方面开发新的连锁标记，另一方面扩大作图群体从而实现对目标基因进行精细定位。开发新的连锁标记的方法：根据初定位时目标基因两侧的两个标记在 B73 基因组上（Maizesequence）的物理位置，一方面可以利用 maizeGDB 网站公布的 SSR、InDel 等标记；另一方面可以下载两个标记之间的 BAC 序列，利用 SSRHunter 软件寻找 SSR 标记（Li and Wan，2005），也可以利用单拷贝序列设计引物，扩增测序，双亲间有差异的序列用来开发 SNP、InDel、CAPS 等标记。同时利用初定位时目标基因两侧的分子标记对大规模的作图群体进行基因型鉴定，结合它们的表现型确定交换单株，利用新开发的多态性标记对目的基因进行精细定位。

#### 1.3.2.3 候选基因的确定

当目的基因被定位在一定物理区间内时，利用与目的基因紧密连锁的分子标记或探针筛选基因组文库或 cDNA 文库，获得包含目的基因的阳性克隆，然后对阳性克隆进行测序分析，另外也可以通过基因预测软件，根据公布的数据库对定位区间的序列进行基因预测。一般通过以下几个方面对候选基因进行分析以确定目的基因：一是在目的基因上开发一个标记，在分离群体间应该表现为共分离；二是通过对候选基因的基因组 DNA 以及 cDNA 进行测序，检测 DNA 和 RNA 水平上目的基因在突变型和野生型是否有差异；三是检测目的基因的时空表达模式与表型是否一致；四是利用生物信息学的方法结合其他物种的基因组序列进行共线性分析，了解该基因的功能是否与表型相一致。

#### 1.3.2.4 目标基因的功能验证

目的基因确定后，选择合适的表达载体，通过构建互补载体对目的基因的功能进行转基因验证是验证该基因功能的最好证据。也可以构建候选基因的过表达载体或 RNAi 载体，通过转基因验证候选基因的功能。同时，也可以通过筛选等位突变体的方法进行功能验证。目前，国内外公共网站都公布了玉米 EMS、Mu 等突变体，这也为筛选等位突变体提供了便利。

### 1.3.3 玉米中通过图位克隆技术克隆的基因

近几年来，一些控制玉米重要功能的基因陆续被克隆。主要有：控制玉米颖壳发育相关基因 *tga1*，该基因在玉米和大刍草的基因组序列比较发现，两者在 1kb 的区段中有多个差异，并证实单个基因的微小变异就可能造成玉米与大刍草巨大的表型差异；控制玉米籽粒油分的基因 *DGAT*；控制玉米开花期的基因 *Vgt1*；与花器官形态建成相关的基因 *ts1*、*ts4*、*ra2*、*ra3*、*bde*、*spi1*、*Tsh1*、*blk1-R*、*vt2*、*fzt*；控制玉米根发育的基因 *RTCS*；控制玉米根毛起始和延伸的基因 *rth5*；参与表观遗传调控的基因 *mop1* 和 *polIV*；控制叶片极性发育的基因 *mwp1* 和 *rgd2*；控制叶片和胚囊发育的基因 *ig1*；影响植株形态建成的基因 *gt1*；影响胚乳中储藏蛋白合成的基因 *o7*；影响玉米胚乳蛋白体形成及内质网流动性的基因 *o1*；影响玉米胚乳蛋白体醇溶蛋白分布的基因 *o10*；影响玉米胚乳细胞模式及分化的基因 *nkd1* 和 *nkd2*；影响叶色的突变体 *elm2*、*zb7*、*vy1* 和 *ygl-1*；玉米雄穗不育基因 *ms33*、*ms8*；影响玉米株高基因 *qph1*、*d2003*、*brd1*、*ZmGA3ox2*；影响玉米茎尖分生组织大小及叶序的基因 *Abph2*；玉米抗丝黑穗病主效基因 *ZmWAK*；玉米抗大斑病基因 *Htn1*；玉米籽粒突变基因 *Wrk1*、*dek**；影响花序发育及育性的基因 *rte*、*tls1*；影响玉米籽粒油分饱和脂肪酸含量的基因 *FatB*；影响玉米胚乳蛋白体组装和聚合的基因 *fl4*；影响优质蛋白玉米的胚乳修饰基因 *qγ27*；调节玉米普通蛋白合成及细胞周期的基因 *pro1*；玉米叶夹角基因 *ZmCLA4*；玉米匍匐基因 *ps1*；玉米参与木质素合成途径的基因 *bm2*（表 1–1）。

**表 1–1　玉米中利用图位克隆方法克隆的一些基因 /$QTL_S$**

| 基因 / $QTL_S$ | 编码蛋白及功能 | 参考文献 |
|---|---|---|
| *tga1* | SBP 结构域转录调控因子；控制籽粒颖壳形态建成 | Wang et al.，2005 |
| *ra2* | LATERAL ORGAN BOUNDARY（LOB）结构域转录因子；影响花器官的形态建成 | Bortiri，2006 |
| *mopI* | 依赖 RNA 的 RNA 聚合酶（RDRP）；调控副突变 | Alleman et al.，2006 |

（续表）

| 基因 / $QTL_s$ | 编码蛋白及功能 | 参考文献 |
|---|---|---|
| *ra3* | 海藻糖 -6- 磷酸磷酸酶；影响花器官的形态建成 | Satoh–Nagasawa et al.，2006 |
| *vgt1* | AP2 转录因子的顺式调控因子；控制开花期 | Salvi et al.，2007 |
| *igl* | LOB 结构域蛋白；控制叶片和胚囊的发育 | Evans，2007 |
| *ts4* | microRNA172（miR172）；控制性别决定 | Chuck et al.，2007 |
| *RTCS* | LOB 结构域蛋白；控制根系发育 | Taramino et al.，2007 |
| *rth5* | 单子叶植物特有的 NADPH 氧化酶；控制玉米根毛的起始和延伸 | Nestler et al.，2014 |
| *spil* | 似 YUCCA 的黄素单氧酶；影响营养生长和生殖生长 | Gallavotti et al.，2008 |
| *DGAT* | 酰基辅酶 A: 甘油二酯酰基转移酶；影响籽粒油分和异油酸含量 | Zheng et al.，2008 |
| *mwp1* | KANAD1 转录因子；影响叶片的远近轴极性 | Candela et al.，2008 |
| *bde* | MADS Box 转录因子；影响花器官发育 | Thompson et al.，2009 |
| *fzt* | Dicer–like1；影响营养生长和生殖生长的形态建成 | Thompson et al.，2014 |
| *pol IV* | RNA 聚合酶复合物；参与副突变 | Erhard et al.，2009 |
| *ts1* | 定位在质体的脂氧合酶；影响性别决定过程中的茉莉酸代谢信号 | Acosta et al.，2009 |
| *blk1-R* | 硫胺素生物合成；影响茎分生组织的保持 | Woodward et al.，2010 |
| *rgd2* | 似 AGO7 蛋白；影响叶片背腹极性发育 | Douglas et al.，2010 |
| *Tsh1* | GATA 锌指蛋白；抑制苞片，影响花器官 | Whipple et al.，2010 |
| *gt1* | HD–Zip 转录因子；影响植株形态建成 | Whipple et al.，2011 |
| *vt2* | 色氨酸氨基转移酶；影响营养生长和生殖生长 | Phillips et al.，2011 |
| *o7* | 似 AAE3 蛋白；影响胚乳中储藏蛋白的合成 | Wang et al.，2011 |
| *o1* | 植物特有的 XI 肌球动蛋白；影响玉米胚乳蛋白体形成及内质网流动性 | Wang et al.，2012 |
| *o10* | 作物特有的蛋白体蛋白；影响胚乳蛋白体中醇溶蛋白的分布 | Yao et al.，2016 |
| *elm2* | 血红素加氧酶；影响叶绿素合成 | Shi et al.，2013 |
| *zb7* | [4Fe–4S] 蛋白；影响植物萜类物质的合成和叶绿体发育 | Lu et al.，2012 |
| *vyl* | ClpP5 蛋白酶；影响叶绿体发育 | Xing et al.，2014 |

（续表）

| 基因 / $QTL_s$ | 编码蛋白及功能 | 参考文献 |
|---|---|---|
| *ygl-1* | 叶绿体信号识别蛋白 cpSRP43；影响叶绿体发育 | Guan et al.，2016 |
| *ms33* | GPAT 蛋白；雄性不育 | 张磊，2016 |
| *ms8* | β -1,3- 半乳糖基转移酶；雄性不育 | Wang et al.，2013 |
| *qph1* | QPH1 蛋白；影响株高 | Xing et al.，2015 |
| *d2003* | VP 蛋白；影响株高 | Lv et al.，2014 |
| *brd1* | 细胞色素 P450 蛋白；影响株高 | Makarevitch et al.，2012 |
| *ZmGA3ox2* | GA3 β - 羟化酶；影响株高 | Teng et al.，2013 |
| *Abph2* | 谷氧还蛋白；影响茎尖分生组织大小及叶序 | Yang et al.，2015 |
| *ZmWAK* | 细胞壁相关的激酶；作为受体激酶感受胞外信号 | Zuo et al.，2015 |
| *Htn1* | 假定胞壁受体激酶；通过延迟病斑的形成提高抗性 | Hurni et al.，2015 |
| *Wrk1* | β -tubulin5；影响籽粒胚乳发育和籽粒大小 | 陈宗良，2014 |
| *dek** | AAA-ATPase；影响籽粒大小 | Qi et al.，2016 |
| *rte* | 硼转运子；影响花序发育及育性 | Chatterjee et al.，2014 |
| *tls1* | 通道蛋白；影响花序发育 | Durbak et al.，2014 |
| *FatB* | ZmFatB；影响玉米籽粒油分饱和脂肪酸含量 | Zheng et al.，2014 |
| *fl4* | 19kDa-Zein；影响蛋白体组装 | Wang et al.，2014 |
| *qγ27* | 27kDa γ - 醇溶蛋白；影响优质蛋白玉米的胚乳修饰 | Liu et al.，2016 |
| *pro1* | $\triangle^1$- 二氢化吡咯 -5- 羧酸盐合成酶 | Wang et al.，2014 |
| *ZmCLA4* | LAZY1 蛋白；影响叶夹角 | Zhang et al.，2014 |
| *ps1* | LAZY1 蛋白；通过调节生长素运输，生长素信号及光响应调节茎秆向地性及花序发育 | Dong et al.，2013 |
| *bm2* | 亚甲基四氢叶酸还原酶；参与木质素合成 | Tang et al.，2014 |
| *nkd1/nkd2* | INDETERMINATE1 结构域转录因子；影响玉米胚乳细胞模式和分化 | Yi et al.，2015 |

## 1.4 叶色突变体的研究进展

### 1.4.1 叶色突变体的类型及来源

在自然界存在的所有突变类型中，叶色突变是最常见的突变形式之一，并且叶色突变通常可以直观表现出来，性状相对比较明显，也容易辨别和区分。早在 20 世纪 30 年代，生物学研究中就有相关叶色突变体的报道（Suzuki et al.，1997）。至今已在水稻、大豆、玉米、大麦、小麦、番茄和油菜等多种植物中发现叶色突变体（胡忠等，1981；Ghirardi and Melis，1988；Greene et al.，1998；Krol et al.，1995；Falbel et al.，1996；Falbel and Staehelin，1996；Zhao et al.，2001）。叶色突变体的类型往往根据突变体苗期的叶色表型进行划分。Awan et al.（1980）将突变体划分为白化、黄化、浅绿、白翠、绿白、黄绿、绿黄和条纹 8 种类型。植物叶色突变体的来源十分广泛，总的来说，可通过自发突变和人工诱发突变产生。突变性状可以直接应用于常规育种（马志虎等，2001；Ou et al.，2010；Zhao et al.，2000），成为植物品种改良的重要途径。由于这些基因并没有克隆，它们的分子机理尚不清楚，这些应用研究也只是把叶色变异作为一种颜色标记，并没有在分子水平上发挥更好的作用。因此，解析叶色突变体的分子机制对其在分子育种上的应用就显得十分重要。

### 1.4.2 叶色突变体的分子机制研究进展

#### 1.4.2.1 叶色突变体与叶绿素合成相关基因突变直接或间接相关

叶绿素是参与光合作用的重要色素，其合成途径受阻，叶绿素含量下降会产生明显的叶色突变表型。拟南芥叶绿素的生物合成是从谷氨酰 –tRNA 开始，至叶绿素 a、叶绿素 b 合成结束（Beale，2005），由 28 个基因编码的 16 种酶来完成（Tanaka and Tanaka，2007）。整个合成过程可以分为 3 步：第一步从谷氨酸到原卟啉 IX；第二步由原卟啉 IX 形成叶绿素 a；第三步为叶绿素 a 与叶绿素 b 的循环（图 1–1）。该合成途径中任何基因发生突变都可能阻碍叶绿素合成，改变叶绿体中各种色素的比例，引起叶色变异。例如谷氨酸 tRNA 合成酶是叶绿素生物合成的第一个酶，利用病毒诱导的基因沉默（Virus induced gene silencing，VIGS）技术减少谷氨酸 tRNA 合成酶的合成，导致叶绿素合成途径受阻，植物叶片严重黄化（Kim et al.，2005）。镁螯合酶在植物叶绿素合成和叶绿体发育中具有重要的调控作用，镁螯合酶催化了 $Mg^{2+}$ 进入原卟啉的过程，这一进程依赖 ATP，其催化产物是镁 – 原卟啉。Zhang et al.（2006）研究发现，水稻第三染色体的 *chl1* 和 *chl9* 两个基因分别编码了镁螯合酶的 ChlD 和 ChlI 两个亚基，这两个基因突变都可导致镁螯合酶活性降低，叶绿素合成减少，叶绿体发育障碍，*chl1* 和 *chl9* 两个突变体植株表现黄绿表型，叶绿素含量分别达到野生型的 38% 和 34%。在玉米中，突变体 *oil yellow1*（*oy1*）的油黄叶表型就是原卟啉向镁 – 原卟啉转换的过程受阻所造成的（Sawers et al.，2006）。另有研究表明不同叶色突变体其叶绿素合成受阻过程也不尽相同（Suzuki et al.，1997）。

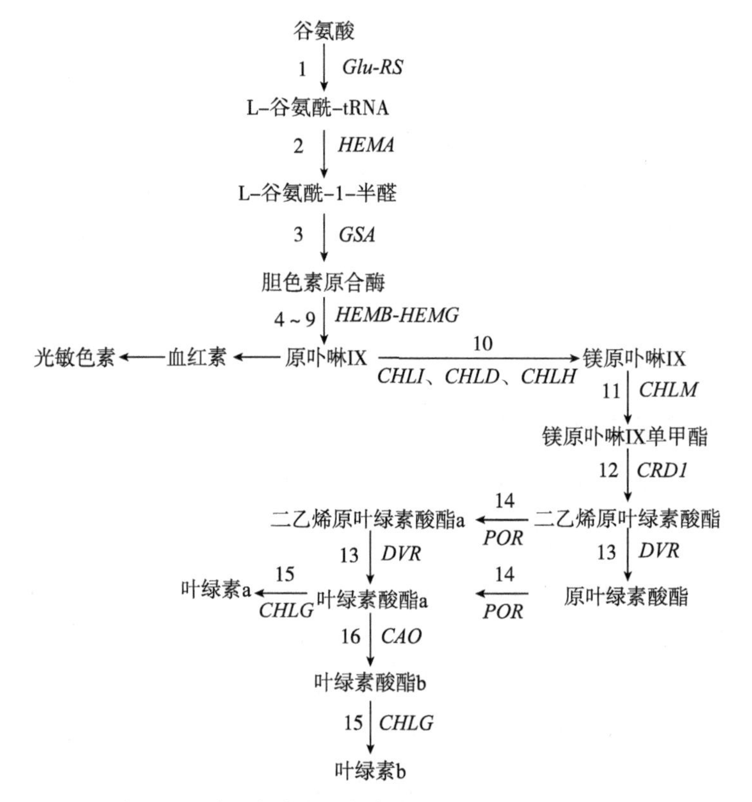


**图 1–1　被子植物叶绿素的生物合成途径（Tanaka and Tanaka，2007）**

### 1.4.2.2 叶色突变体与叶绿素降解相关基因突变直接或间接相关

在植物体内，叶绿素的合成与降解处于一个动态的平衡，以协调植物有机体的正常生长发育。在叶片衰老过程中，叶绿素的降解非常重要，可以循环氮和其他营养物，同时可以免于叶绿素合成中间产物的光毒害（Hortensteiner，2006）。相对叶绿素合成研究取得的进展而言，叶绿素降解的研究进展要缓慢得多，随着脱镁叶绿素酶（*PPH*）基因的克隆，叶绿素衰老降解的途径才为人类所了解（Schelbert et al.，2009）。叶绿素的降解过程比叶绿素的合成相对简单，所涉及的酶也较少。叶绿素的降解主要分 7 步来完成，把类囊体内的叶绿素 b 降解成非荧光的叶绿素降解物 NCC 储存在液泡中，如图 1–2 所示。叶片衰老过程中叶绿素降解受到抑制，在衰老后期叶绿体内还存在大而厚的基粒，导致植物自然死亡之前叶片一直保持绿色而不变黄从而导致叶色变异。目前比较常见的植物生长后期的常绿表型就是由于叶绿素的分解代谢途径相关的基因发生突变导致的。如水稻 *nyc1*（*non-yenow coloring1*）突变体在叶片衰老过程中叶绿素降解受到抑制，在衰老后期 *nyc1* 突变体的叶绿体内还存在大而厚的基粒，在植物自然死亡之前突变体的叶片一直保持绿色而不变黄，经图位克隆证实该突变体内编码叶绿体 b 还原酶的基因发生了点突变（Kusaba et al.，2007）。拟南芥 *nye1* 突变体暗培养 6d 后，叶绿素含量是野生型的 5 倍，脱镁叶绿酸酯 a 氧化酶（PAO）活性降低，但并没有发现脱镁叶绿酸 a 的积累。过表达 *nye1* 基因可导致浅黄绿叶或白化苗，表明 *NYE1* 通过调节 PAO 的活性来调节叶绿素的降解（Ren et al.，2007）。在叶绿素降解的过程中，红色叶绿素代谢物（RCC）需要通过红色叶绿素降解物还原酶（RCCR）的作用形成 pFCC，拟南芥 RCCR 缺失突变体中 RCC 及 3 种 RCC 类似物大量积累，之后随着单线氧的释放导致细胞死亡，表明 RCCR 在防止叶绿素降解的光氧化损伤中起着重要的作用（Wuthrich et al.，2000）。

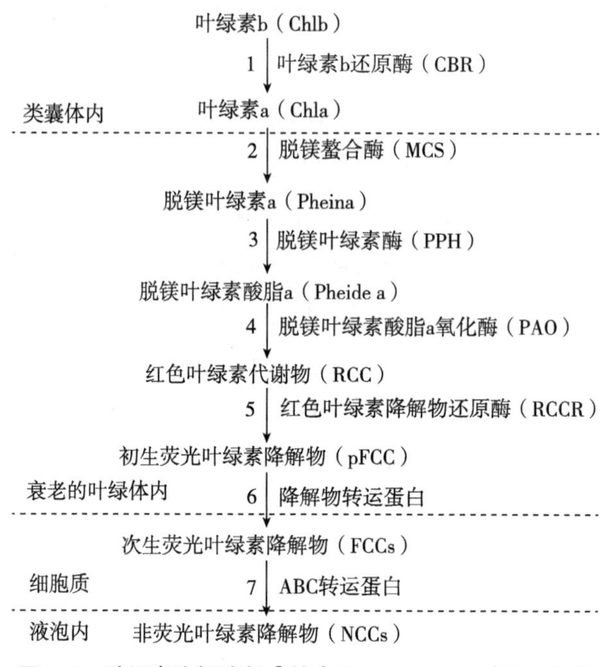


**图 1–2　叶绿素降解途径［结合 Hortensteiner（2006）和 Schelbert et al.（2009）修改］**

#### 1.4.2.3 叶绿体分化与发育相关基因突变也会导致叶色变异

叶绿体是存在于绿色植物叶肉细胞中的一种细胞器，其主要功能是进行光合作用。叶绿体分化起源于前质体，在细胞质、核基因协同精细调控下完成。在质–核基因复杂的动态调控过程中，任何一方基因的突变都可能导致叶绿体发育不良，从而影响叶绿素的生物合成，导致叶绿素中的色素比例改变而产生不同程度的叶色突变表型。由于叶绿体发育不良造成叶色变异的突变体在拟南芥、玉米、水稻中均有报道。如拟南芥 *egy1* 突变体、*apg1* 突变体和 *var3* 突变体（Chen et al.，2005；Motohashi et al.，2003；Naested et al.，2004），玉米 *hcf60* 突变体（Schultes and Sawers，2000）和水稻白叶突变体 *v1*（Kusumi et al.，2004）。目前这些研究大都集中在克隆导致叶色变异的基因，其精细的调控途径尚未研究清楚。

### 1.4.3 叶色突变体的应用价值

叶色突变性状明显，易于观察，可广泛应用于高等植物叶绿素合成途径及光合器官建成的研究，还可作为标记性状用于研究基因功能、染色体定位，在杂交、细胞融合及遗传转化控制等方面也有重要价值。随着植物生理学、分子生物学、功能基因组学和生物信息学等研究的不断深入，叶色突变体的应用研究也将不断取得新的突破。

#### 1.4.3.1 叶色突变体作为形态标记

由于叶色变异表型明显容易识别，因此，叶色突变体用作形态标记。种子纯度是衡量种子质量的一项重要指标，也是影响品种能否发挥其特征特性的关键因素之一。叶色突变体可以作为标记性状应用到良种繁育和杂交育种上，可以在苗期剔除杂苗，保证种子纯度，降低原种生产成本。

#### 1.4.3.2 叶色突变体应用于植物光合作用研究

叶片是植物进行光合作用的主要器官，叶绿体是进行光合作用的场所，光合作用效率的高低与植物叶绿素含量及叶绿体形态、结构和数目的变化密切相关，由于叶色突变体往往直接或间接影响植物叶绿素的生物合成与降解以及叶绿体的分化和发育，因此，叶色突变体是研究光合作用的良好材料。

#### 1.4.3.3 叶色突变体应用于功能基因组学研究

叶色突变体是突变体中较为常见的突变性状，通过叶色突变体，可以了解哪些基因直接或间接地参与了植物的叶绿素合成，以及叶绿体的形成与分化。另外，叶色突变体也是研究核质互作的良好材料。可以将叶色突变体作为标记性状筛选突变体，进而分析鉴定突变体，可以直接研究基因的功能，了解基因间如何作用于植物的生长发育过程。叶色突变体可以通过图位克隆的方法和转座子标签法克隆控制其表型的基因，从而了解基因的功能，解释突变形成的机理以及基因所在代谢途径的调控网络，从而更好地将有应用价值的基因应用到生产实践和理论中。

### 1.4.4 玉米叶色突变体的研究进展

玉米叶色突变体根据叶片颜色的差异分为多种类型，即白化、白条纹、斑点、斑马、淡绿、黄条纹、绿条纹和细条纹 8 种类型（邢才等，2008）。至今已报道的与玉米叶绿素缺陷突变相关的基因位点有 210 余个，在 1 ～ 10 号染色体上均有分布。其中大部分位点的研究还仅仅是定位到特定染色体或某条染色体的特定区段里，开展相关基因克隆的研究还很少。目前，玉米中已经克隆的叶色突变基因有5个，分别是 *elm1*（Sawers et al.，2004）、*Oy1*（Sawers et al.，2006）、*elm2*（Shi et al.，2013）、*hcf60*（Schultes et al.，2000）和 *vyl*（Xing et al.，2014）。*ELM1*、*OY1* 和 *ELM2* 分别编码光敏色素发色团3e-光敏色素移动素、镁离子螯合酶ChlI亚基和血红素加氧酶，这些蛋白质均为催化叶绿素合成过程中的酶，任何一个基因发生突变都将影响叶绿素的合成，导致各种色素的含量和比例发生变化，从而导致叶色变异。*HCF60* 与 *VYL* 分别编码叶绿体核糖体小亚基和叶绿体Clp蛋白酶ClpP5亚基，这两个蛋白质均与叶绿体发育相关，任何一个基因发生突变都将影响叶绿体正常发育，导致叶色变异。这些叶色突变基因的克隆和功能研究为揭示玉米叶绿素合成途径及叶绿体发育机制等提供了良好的研究基础，但参与叶绿素合成降解及叶绿体发育的相关基因众多，很多调控途径及分子机制尚不清楚，需要克隆更多的叶色突变基因并对其进行功能研究。

### 1.4.5 植物中cpSRP43的相关研究

叶绿体信号识别颗粒（Chloroplast signal recognition particle，cpSRP）是一种重要的介导蛋白运输的核糖核酸蛋白。叶绿体基因编码的内囊体膜蛋白由cpSRP通过共转移方式运输至叶绿体中（Nohara et al.，1996；Nilsson et al.，2002），而核基因编码的内囊体膜蛋白在细胞质基质中合成以后由cpSRP通过后转移方式运输到叶绿体中（Li et al.，1995；Klimyuk et al.，1999）。在所有的内囊体膜蛋白中，捕光叶绿素蛋白（Light-harvesting chorophy Ⅱ protein，LHCP）约占1/3，并且是内囊体膜主要的整合蛋白（Yamamoto et al.，1996）。cpSRP包括联合在一起工作的4个成员，即cpSRP54、cpSRP43、cpFtsY和ALB3（Aldridge et al.，2009）。在后转移途径中，cpSRP43首先与需要运输进入叶绿体的LHCPs相结合形成cpSRP43-LHC蛋白复合体（Stengel et al.，2008；Tu et al.，2000），随后与cpSRP54相结合形成水溶性的LHC-cpSRP43-cpSRP54蛋白复合体（Falk et al.，2010）。受体cpFtsY能够识别LHC-cpSRP43-cpSRP54蛋白复合体并与之结合形成膜结合LHC-cpSRP43-cpSRP54-cpFtsY复合体（Moore et al.，

2003）。最后 ALB3 将 LHCPs 运输到内囊体膜上（Piskozub et al.，2015）。Falk et al.（2010）、Stengel et al.（2008）报道 cpSRP43 在后转移途径中作为新的分子伴侣特异性地靶向 lhca/lhcb，且其功能无法被其他基质伴侣取代。Tzvetkova–Chevolleau et al.（2007）报道 cpSRP43 能够独自与 LHCPs 形成水溶性复合体以防止聚合，这也支持了 cpSRP43 能够独自与 ALB3 结合将 LHCPs 运输到内囊体膜上的结论（Falk et al.，2010；Horn et al.，2015；Urbischek et al.，2015）。莱茵衣藻、拟南芥、水稻和玉米中的 *cpSRP43* 基因突变后均导致突变体叶色变黄绿，叶绿素含量下降，光合能力下降，这可能正是由于其突变引起运输到内囊体膜上的 LHCPs 减少造成的（Kirst et al.，2012；Klimyuk et al.，1999；Lv et al.，2015；Wang et al.，2016；Guan et al.，2016）。Klenelle et al.（2005）报道无论在严格控制的实验室还是在复杂多变的大田环境 *chaos* 突变体与野生型相比都显著提高对光氧化胁迫的抗性。

## 1.5 玉米淀粉合成的研究进展

玉米籽粒中 70% 左右为淀粉，淀粉是动物和人类营养的能量来源，也是重要的工业原料，被广泛应用于化工、医药、建筑、纺织和塑料等领域，在国民经济中发挥着重要的作用；其中用高直链淀粉取代聚苯乙烯，生产可降解塑料，大量应用于包装工业和农用薄膜加工业，这有可能从根本上解决白色污染问题，将为世界环保事业带来一次重大革命。玉米淀粉是植物淀粉中化学成分最佳的淀粉原料之一，具有高纯度（99.5%）、高提取率（93% ～ 96%）、营养成分丰富、经济效益佳等优势。当前，玉米淀粉的产量更是占了我国淀粉总产量的 85% 以上。

淀粉包括直链淀粉和支链淀粉，后者约为总淀粉含量的 75%。直链淀粉是 α–1,4 糖苷键连接的几乎无分支的聚合物，支链淀粉包含类似直链淀粉的骨架，只是其连接点存在由 α–1,6 糖苷键形成的分支，这些分支键约占糖苷键的 5%。

### 1.5.1 玉米淀粉的生物合成

淀粉的合成与积累发生在种子发育的特定阶段，其合成场所是淀粉体，其主要原料是蔗糖。淀粉体中合成的淀粉可以稳定积累长达几个月甚至几年，因此被称为“贮藏淀粉”。淀粉的合成主要由 5 个关键酶，即蔗糖合酶（Sucrose synthase，SUS）、腺苷二磷酸葡萄糖焦磷酸化酶（Adenosine diphosphate glucose pyrophosphorylase，AGPase）、淀粉合成酶（Starch synthases，SS）、淀粉分支酶（Starch branching enzyme，SBE）、淀粉去分支酶（Debranching enzyme，DBE）协同控制。蔗糖合酶催化蔗糖降解，影响了蔗糖到淀粉转化的早期步骤，即蔗糖降解，AGPase 决定着淀粉合成的速率和含量，SS 的功能主要是通过 α–1,4 键延长糖苷链，SBE 的功能是剪切 α–1,4 糖苷链并将这些残链通过 α–1,6 糖苷链连接起来，DBE 主要是水解一些分支，对淀粉结构进行修饰。每种酶有不同的同工型，共同决定着淀粉结构，进而使玉米淀粉具备不同用途。

### 1.5.2 淀粉合成的关键酶

#### 1.5.2.1 蔗糖合酶

蔗糖合酶催化蔗糖降解，生成 UDP–Glc 和果糖，这一步骤在淀粉合成途径中起着重要的作用。蔗糖合酶反应是可逆的，编码蔗糖合酶的基因 *sh1* 突变后其体内合成蔗糖的能力并未消失，说明在生理学上作为蔗糖的降解酶（Cobb and Hannah，1988），同时胚乳中的蔗糖也处于降解和再合成的动态变化过程中（Glawischnig et al.，2002）。玉米中蔗糖合酶有 *SUS1*、*SUS-SH1* 和 *SUS2* 成员，其中 *SUS-SH1* 在合成蔗糖合酶的途径中起着主要的作用（Duncan et al.，2006）。

#### 1.5.2.2 腺苷二磷酸葡萄糖焦磷酸化酶

腺苷二磷酸葡萄糖焦磷酸化酶是淀粉合成代谢途径中第一个关键的限速酶，催化腺嘌呤核苷三磷酸（ATP）和葡萄糖 –1– 磷酸产生腺苷二磷酸葡萄糖和焦磷酸，玉米的 AGPase 由两个小亚基和大亚基组成，分别由 *shrunken2*（*sh2*）基因和 *brittle2*（*bt2*）基因编码（Asano et al.，2002；Hannah et al.，1976；Bae et al.，1996；Bhave et al.，1990）。

#### 1.5.2.3 淀粉合成酶

在玉米中，淀粉合成酶主要包括颗粒结合型淀粉合成酶 I（Granule-bound starch synthase I，GBSSI）和可溶性淀粉合成酶（Soluble starch synthase，SSS）。

颗粒结合型淀粉合成酶 I（GBSSI）基因，又叫蜡质基因（*Wx*），能够与胚乳中的淀粉颗粒进行特异性结合（Klösgen et al.，1986），使得合成的直链淀粉保持未分支的状态，从而提高直链淀粉含量。在玉米、马铃薯、小麦、大麦和水稻等高等植物中，颗粒结合型淀粉合成酶发生突变时，其胚乳中储存的淀粉没有直链的聚合物，而是由支链淀粉聚合物组成（Ball et al.，1998）。这也说明，在胚乳的淀粉合成过程中，颗粒结合型淀粉合成酶是形成直链淀粉聚合物所必需的酶。

在玉米中，可溶性淀粉合成酶主要包括 SS Ⅰ、SS Ⅱ a、SS Ⅱ b、SS Ⅲ和 SS Ⅳ 5 种同工型（Huegel et al.，2005）。SS Ⅲ 和 SS Ⅱ a 分别由基因 *dull1*（*du1*）和 *su2* 编码，而 *zSSI*、*zSS* Ⅱ *a* 和 *zSS* Ⅱ *b* 编码 SS 其他 3 个同工酶的 cDNA（Shure et al.，1983；Klösgen et al.，1986；Gao et al.，1998；Zhang et al.，2004；Harn et al.，1998；Imparl–Radosevich et al.，1998；Knight et al.，1998；Zhang et al.，2005；Mu–Forster et al.，1996）。可溶性淀粉合成酶的主要功能是负责支链淀粉中分支链的合成。

#### 1.5.2.4 淀粉分支酶

淀粉分支酶具有双重功能，一方面切开 α–1,4 糖苷键连接的葡萄糖，另一方面对切下的短链通过 α–1,6 糖苷键连接在受体上。玉米中 SBE 包括 SBE Ⅰ、SBE Ⅱ a 和 SBE Ⅱ b 3 种同工酶，对淀粉合成的数量和质量起着重要作用（Boyer et al.，1978a；Boyer et al.，1978b；Boyer et al.，1984；Dang et al.，1988）。SBE Ⅰ 突变体缺少中长链的支链淀粉，这表明 SBE Ⅰ 在形成这些链时发挥了作用，而且其作用不能被 SBE Ⅱ a 和 SBE Ⅱ b 取代（Blauth et al.，2002）。玉米 SBE Ⅱ a 突变体既不影响胚乳淀粉的组成，又不影响支链淀粉的结构（Blauth et al.，2001）。由此可见其作用可由其他 SBE 同工酶代替。*ae* 突变导致 SBE Ⅱ b 同工酶的失活，引起胚乳支链淀粉结构的显著改变（Yuan et al.，1993；Shi et al.，1995；Klucinec et al.，2002）。

#### 1.5.2.5 淀粉去分支酶

DBE 的主要作用是水解 α-1,6 糖苷键，对淀粉的结构进行修饰。根据其底物的不同，SBE 包括分别由 *zpu* 和 *su1* 编码的普鲁兰酶（Pullulanase，PE）和异淀粉酶（Isoamylase，ISA）（Beatty et al.，1999；Rahman et al.，1998）。

## 1.6 玉米籽粒大小基因的研究进展

### 1.6.1 编码三角状五肽重复蛋白的基因调控玉米籽粒发育

在已克隆的控制玉米籽粒发育的基因中，大多数基因编码三角状五肽重复蛋白（Pentatricopeptide repeat，PPR）（Dai et al.，2021；赵然等，2019）。参与内含子剪切的 *Dek2*（*Defective kernel 2*）、*Dek35*（*Defective kernel 35*）、*Dek37*（*Defective kernel 37*）、*Emp8*（*Empty pericarp 8*）、*Emp10*（*Empty pericarp 10*）、*Emp12*（*Empty pericarp 12*）、*Emp603*（*Empty pericarp 603*）和 *Smk9*（*Small kernel 9*） 等（Cai et al.，2017；Chen et al.，2017；Dai et al.，2018；Fan et al.，2021；Pan et al.，2019；Qi et al.，2017；Sun et al.，2018；Sun et al.，2019），RNA 编辑的 *Dek36*（*Defective kernel 36*）、*Dek46*（*Defective kernel 46*）、*Emp5*（*Empty pericarp 5*）、*Emp7*（*Empty pericarp 7*）、*Emp9*（*Empty pericarp 9*）、*Emp17*（*Empty pericarp 17*）、*Emp18*（*Empty pericarp 18*）和 *Smk1*（*Small kernel 1*）等（Li et al.，2014；Li et al.，2019；Liu et al.，2013；Sun et al.，2015；Wang et al.，2017；Wang et al.，2021；Xu et al.，2020；Yang et al.，2017），均编码线粒体靶向的 PPR 蛋白；*Emb-7L*（*Embryo specific-7L*）和 *PPR8522* 编码叶绿体靶向的 PPR 蛋白（Sosso et al.，2012；Yuan et al.，2019）；*Dek39*（*Defective kernel 39*）编码同时靶向线粒体和叶绿体的 PPR 蛋白（Li et al.，2018）。

### 1.6.2 编码酶类相关的基因调控玉米籽粒发育

*ENB1*（*Endosperm breakdown1*）编码纤维素合成酶 5，其突变导致基部胚乳转移层（Basal endosperm transfer layer，BETL）细胞的壁内突急剧

减少，其吸收蔗糖的能力大幅度地降低，*enb1* 突变体胚乳在籽粒发育过程中发生剧烈的降解，籽粒变小（Wang et al.，2022）。*Mn1*（*Miniature1*）编码细胞壁转化酶，可将蔗糖水解为葡萄糖和果糖，对于胚乳 BETL 细胞的壁内突结构的分化具有重要作用（Kang et al.，2009）。*mn1* 突变体 BETL 层缺乏己糖的合成，导致 BETL 细胞发育受到影响，种子显著变小。*Mn6*（*Miniature seed6*）编码内质网 I 型信号肽酶，主要参与加工碳水化合物合成相关蛋白，其中包括在 BETL 特异表达的细胞壁转化酶 Mn1（Yi et al.，2021）。*mn6* 突变体中，*Mn1* 的 RNA 和蛋白表达水平均显著下调，BETL 的细胞壁转化酶活性严重降低，导致 *mn6* 突变体胚乳发育缺陷。*Smk501*（*Small kernel 501*）编码泛素样蛋白（Related to ubiquitin，RUB）活化酶 E1 亚基 ECR1（E1 C–Terminal Related 1），其基因突变导致玉米籽粒发育期间泛素连接酶活性以及激素信号转导、细胞周期进程和淀粉积累受到干扰，导致 *smk501* 突变体籽粒胚和胚乳发育受限，籽粒变小（Chen et al.，2021）。*ZmMDH4*（*Zea mays malate dehydrogenase 4*）编码胞浆苹果酸脱氢酶，其突变体内线粒体呼吸和糖酵解、ATP 产生和胚乳发育之间的平衡被打破，导致籽粒发育缺陷（Chen et al.，2020a）。*ZmNRPC2*（*Zea mays nuclear RNA polymerase C2*）编码 RNA 聚合酶Ⅲ（RNA polymerase Ⅲ，RNAP Ⅲ）的第二大亚基，其突变导致由 RNAP Ⅲ转录的 5S 核糖体 RNA（ribosomal RNA，rRNA）及转运 RNAs（transfer RNAs，tRNAs）的水平显著降低（Zhao et al.，2020）。影响了 RNAP Ⅲ的活性及参与细胞增殖相关基因的表达，最终影响籽粒的大小。*ZmSKS13*（*Zea mays Skewed5 Similar13*）编码多铜氧化酶样蛋白 13（Skewed5 Similar13，SKS13），其功能缺失突变导致珠心、BETL 和胎座合点端（Placenta–chalaza，PC）活性氧（Reactive oxygen species，ROS）的过量积累和 DNA 的严重损伤，导致突变体籽粒小而皱缩（Zhang et al.，2021）。

### 1.6.3 转录因子调控玉米籽粒发育

*Fl3*（*floury3*）编码一个 PLATZ（Plant AT–rich sequence–and zinc–binding）转录因子，其在胚乳淀粉细胞中特异表达（Li et al.，2017）。其能够与 RNA 聚合酶Ⅲ复合体关键成员 RPC53（RNA polymerase Ⅲ subunit 53）

和 TFC1（Transcription factor class C 1）互作，参与 tRNA 和 5S rRNA 转录调控，调控胚乳发育和储存物质合成。其纯合突变体籽粒的胚乳发育异常，储藏物质减少。*O11*（*Opaque11*）编码一个胚乳特异的 bHLH（Basic helix-loop-helix）转录因子，不仅调控胚乳发育的关键转录因子 *NKD2*（*Naked endosperm 2*）和 *ZmDof3*（*DNA binding with one finger 3*），还直接调控了多个关键的储藏物代谢关键转录因子 *O2*（*Opaque2*）和 *PBF*（*Prolamin-Box Factor*）（Feng et al., 2018）。其功能缺失导致 *o11* 突变体籽粒的胚乳不透明，淀粉和蛋白质含量减少，成熟籽粒变小。*ZmABI19*（*Zea mays ABSCISIC ACID INSENSITIVE 19*）编码一个 B3 家族转录因子，在胚乳中显著影响营养储存库活动以及淀粉和糖代谢途径，在胚中影响植物激素信号转导以及脂肪代谢（Yang et al.，2021）。*ZmABI19* 不仅调控 *O2* 和 *Pbf1*，还直接调控其他多个胚乳特异表达的调控灌浆的转录因子 *ZmbZIP22*（*Zea mays basic Leucine Zipper 22*）、*O11*、*NAC130*（*NAM*，*ATAF*，and *CUC* 130） 和 BETL 定位的糖转运蛋白基因 *SWEET4c*。*zmabi19* 纯合突变体籽粒的胚乳和胚均发育异常，成熟籽粒变小并粉质，不能萌发。*ZmBES1/BZR1-5*（*Zea mays BRI1-EMS Suppressor 1/Brassinazole-Resistant 1-5*）是油菜素内酯信号途径中的转录因子，定位于细胞核（Sun et al.，2021）。ZmBES1/BZR1-5 蛋白不仅结合 *AP2/EREBP*（*APETALA 2/Ethylene Responsive Element Binding Protein*）基因启动子并抑制其转录，还能够与酪蛋白激酶Ⅱ亚基（Casein Kinase Ⅱ Subunit β4，ZmCK Ⅱ β4）和铁氧还蛋白 2（Ferredoxin 2，ZmFdx2）直接互作。在拟南芥和水稻中过表达 *ZmBES1/BZR1-5* 后均导致籽粒增大，籽重增加，玉米 *Mu* 转座子插入和甲基磺酸乙酯（Ethyl methyl sulfone，EMS）突变体均表现小籽粒表型。

### 1.6.4 编码核糖体蛋白相关的因子调控玉米籽粒发育

*Emb15*（*Embryo defective 15*）编码质体核糖体组装因子，定位于叶绿体中（Xu et al.，2021a）。研究发现 Emb15 蛋白的 N 端结构域能够与叶绿体核糖体蛋白 S19（Plastid ribosomal protein S19，PRPS19）互作，推测其通过这种互作参与核糖体 30S 亚基的组装。Emb15 蛋白的功能缺失导致 *emb15* 突变体胚发育缺陷（B73 背景），而胚乳正常。*Mn**（*Miniature**）编

码线粒体50S核糖体蛋白L10（mitochondrial 50S ribosomal protein L10，mRPL10），其定位于线粒体，同时作为非醇溶蛋白储藏在蛋白体中（Feng et al.，2022）。进一步研究发现Mn* 能够与玉米籽粒胚乳中主要的醇溶蛋白22kD α-zein互作，从而介导其积累在蛋白体中。其突变影响线粒体形态和正常功能的发挥，导致*mn** 突变体籽粒变小，胚致死。

### 1.6.5 编码物质转运相关的基因调控玉米籽粒发育

*Smk10*（*Small kernel 10*）编码胆碱转运蛋白样蛋白1（Choline transporter-like protein 1，CTLP1），其定位于反式高尔基体网络（Trans-golgi network，TGN）并促进胆碱吸收（Hu et al.，2021）。其突变影响了转移细胞的胆碱和脂质稳态，BETL细胞壁内生长及传递细胞中胞间连丝正常发育，减少了营养物质从母体胎盘到发育中胚乳的运输，导致*smk10*突变体表现出空的果皮、不规则的胚和胚乳且淀粉含量降低。*QK1*（*QueKou1*）编码金属耐受蛋白（Metal tolerance protein，MTP），该蛋白以铁为转运底物参与铁平衡的调控（Nie et al.，2021）。*qk1*突变体胚乳中发现铁和细胞ROS的积累以及线粒体呈现铁死亡特征，推测可能为铁过量导致细胞离子平衡破坏，进而影响籽粒发育和灌浆缺陷。*ZmSWEET4c*（*Zea mays Sugars Will Eventually be Exported Transporter4c*）编码己糖转运体，主要在BETL细胞层表达，其突变体籽粒呈现灌浆异常和空果皮表型（Sosso et al.，2015）。*ZmYSL2*（*Zea mays Yellow Stripe Like 2*）编码金属烟碱胺（Metal-nicotianamine）转运蛋白，其在籽粒发育中调控铁从胚乳到胚的转运（Zang et al.，2020）。*ysl2*功能缺失突变体导致籽粒铁稳态的失衡、蛋白质积累和淀粉沉积异常，同时还导致一氧化氮累积，线粒体Fe-S簇含量和线粒体形态的显著变化，最终导致籽粒表型突变。

### 1.6.6 硝酸盐转运体基因功能及分子机制研究现状与分析

硝酸盐转运体（NRTs）主要包括硝酸盐转运体1（NRT1）/肽转运体（PTR）家族（NPF）和NRT2两个家族（Tsay et al.，2007）。拟南芥*AtNRT1.1*是植物中最早被克隆的硝酸盐转运体基因，其调控硝酸盐的吸收和转运（Tsay et al.，1993）。增强*AtNRT1.1*在拟南芥茎部的表达而非根部的表达，能够促进拟南芥在氮缺乏的条件下生长（Sakuraba et al.，2021）。储成才课题组通过图位克隆技术从籼稻中克隆出高氮利用效率基因 *OsNRT1.1B*，其在低氮和高氮条件下都具有较高的硝酸盐转运及吸收活性（Hu et al.，2015）。*OsNRT1.1B* 主要在根部表皮细胞和木质部中柱鞘细胞表达，编码蛋白亚细胞定位于细胞膜。研究发现单碱基变异是导致粳稻与籼稻间氮肥利用效率差异的重要因素之一，含有籼稻型 *NRT1.1B* 的粳稻品种在低氮和正常施氮条件下均表现出产量和氮肥利用效率的提高，并发现其主要通过增加单株的分蘖数增加产量，其穗粒数、结实率和千粒重没有显著差异。进一步研究发现，OsNRT1.1B 在硝酸盐存在的情况下，与泛素连接酶 E3（NRT1.1B interacting protein 1，NBIP1）互作，介导细胞质抑制蛋白 SPX4 的降解，从而释放调控磷信号的核心转录因子 *PHR2*（*Phosphate starvation response regulator 2*），促进磷吸收；此外，SPX4 还可以与硝酸盐信号核心转录因子 *NLP3*（*NiN-like protein 3*）互作，SPX4 的降解同时促进了 NLP3 从细胞质向细胞核中穿梭，进而激活硝酸盐应答反应（Hu et al.，2019）。对 *OsNRT1.1B* 同源基因 *OsNRT1.1A* 的功能进一步研究发现，*OsNRT1.1A* 过表达植株在高氮和低氮条件下均表现出较高的氮利用效率和显著的增产效果，并且其成熟期缩短（Wang et al.，2018a）。尤其在低氮条件下，*OsNRT1.1A* 过表达株系小区产量以及氮利用效率最高可提高至 60%。水稻肽转运体基因 *OsNPF7.3* 在根部维管束中薄壁细胞表达量较高，编码蛋白定位在细胞液泡膜上（Fang et al.，2017）。*OsNPF7.3* 过表达株系使水稻分蘖能力增强，氮利用效率和产量提高，并使大米中的氮含量提高；而其 RNAi（RNA interference）株系导致了根系向地上部分叶片运输氨基酸的能力下降，氨基酸积累在水稻叶鞘，影响了植株总氮含量及生长。硝酸盐转运体基因 *OsNPF7.2* 正调控水稻对外界硝酸根的吸收和水稻体内硝酸根浓度（Wang et al.，2018b）。过表达 *OsNPF7.2* 能显著增加水稻分蘖数和籽粒产量，而降低基因表达和（或）敲除该基因使得水稻分蘖和产量降低。水稻硝酸盐转运体优异单倍型 $OsNPF6.1^{HapB}$，在蛋白和启动子元件上都带有自然变异，并会受到一个高氮使用效率相关转录因子 *OsNAC42* 差异的反式激活（Tang et al.，2019）。研究发现来自野生水稻的稀有自然等位基因 $OsNPF6.1^{HapB}$ 受到了选择，由于氮肥的使用导致其在 90.3% 的水稻品种中丢失。研究还发现 $OsNPF6.1^{HapB}$

在低氮条件下同时增强了水稻的高氮使用效率和产量，其过表达株系增强了高氮使用效率和产量，而敲除株系则呈现相反的表型。此外，水稻中共表达 *NRT2* 家族成员 *OsNRT2.3a* 和其伴侣 *OsNAR2.1* 能够显著增加氮利用效率和产量（Chen et al.，2020b）。水稻苗期生物量调控基因 *SBM1*（*Seedling Biomass 1*）主要在根部表达，其编码蛋白包含寡肽转运结构域，亚细胞定位于细胞膜，其对氮素处理很敏感（Xu et al.，2021b）。关联分析发现 *SBM1* 在不同水稻亚群间呈显著的籼粳分化，*SBM1*$^{Kasalath}$ 单倍型为最有利单倍型，能够在低氮下表现较高的氮肥利用效率、穗粒数和谷粒产量，并且在水稻育种改良过程中受到选择，具备明显的育种应用潜力。酵母双杂交发现 SBM1 能够与丝裂原活化蛋白激酶 OsMPK6 互作，并通过构建双突变体证明了两者对生物量和穗粒数起共调控的作用。拟南芥 *AtNRT1.6* 是一个低亲和硝酸盐转运体，在珠柄和角果的维管组织中特异表达（Almagro et al.，2008）。*atnrt1.6* 突变体的胚发育早期表现出异常表型，其成熟种子硝酸盐含量显著降低，这说明 *AtNRT1.6* 参与了硝酸盐从母体组织向发育胚的转运。

拟南芥 *AtNRT1.5* 负责 $NO_3^-$ 从根部到冠部的运输和分配（Lin et al.，2008）。RT-PCR 和原位杂交分析表明 *AtNRT1.5* 主要在根部原生木质部的中柱鞘细胞中表达，亚细胞定位分析发现其定位于细胞膜。*atnrt1.5* 突变体木质部伤流液中的硝酸盐含量降低，植物向上转运硝酸盐的能力减弱。水稻中检测拟南芥 *AtNRT1.5* 的同源基因 *OsNPF7.9* 的表达，发现其主要在根部维管组织的木质部薄壁细胞表达，亚细胞定位于细胞膜（Guan et al.，2022）。爪蟾卵母细胞注射试验证明 *OsNPF7.9* 是一个低亲和性、依赖于 pH 值的双向硝酸盐转运蛋白。*OsNPF7.9* 介导了 $NO_3^-$ 往木质部的装载及从根部到茎部的长距离运输。*OsNPF7.9* 功能缺失突变体 *osnpf 7.9* 转运硝酸盐的能力减弱，*osnpf 7.9* 生物量、总氮含量、籽粒产量（分蘖数、穗分枝数、穗粒数）和氮利用效率均比野生型显著降低。另外，籼稻等位基因比粳稻等位基因具有更强的吸收硝酸盐的能力，可能是由于水稻育种过程中将高氮利用效率作为优异性状选择的结果。

本研究从生理生化和细胞学水平鉴定了 3 个玉米突变体 *ygl-1*、*sh1-m* 和 *mn2* 的表型。利用图位克隆的方法得到了突变体 *ygl-1*、*sh1-m* 和 *mn2* 的候选基因，分别为 *GRMZM2G007441*、*GRMZM2G089713* 和

*GRMZM2G156794*。*GRMZM2G007441* 编码叶绿体信号识别颗粒 cpSRP43，进化分析表明该蛋白在植物中是保守的。*ygl-1* 的突变主要影响与叶绿体发育相关基因的表达。*GRMZM2G089713* 编码蔗糖合酶，其在淀粉合成途径中起着重要的作用，通过等位性测验验证了其突变导致了突变体 *sh1-m* 的胚乳皱缩表型。*GRMZM2G156794* 编码硝酸盐转运体 NRT1/PTR 家族成员 NRT1.5（Guan et al.，2020），主要在发育的籽粒中表达。通过等位性测验验证了其突变导致了突变体 *mn2*（*Zmnrt1.5-m1*）的小籽粒表型。

# 2

# 玉米黄绿叶基因 *ygl-1* 的遗传分析及定位

玉米作为世界上重要的粮食作物，其产量的提高对解决未来粮食安全问题具有十分重要的战略意义。玉米全基因组序列的获得和大规模突变体库的建立为玉米功能基因组学研究提供了良好条件。叶色突变体是研究玉米光能利用的理想材料，对这一类农艺性状形成机制的研究具有重要意义。

## 2.1 材料与方法

### 2.1.1 试验材料

#### 2.1.1.1 植株材料

（1）*ygl-1* 突变体来源。玉米黄绿叶突变体 *ygl-1* 由山东省农业科学院玉米研究所诱变育种课题组徐相波副研究员从原武 02 和掖 478 的杂交种自交后代中发现。

（2）遗传分析群体。用野生型自交系 Lx7226、B73 和昌 7–2 分别与黄绿叶突变体 *ygl-1* 组配 $F_1$，得到的 $F_1$ 自交获得 $F_2$ 群体，利用它们的 $F_1$ 和 $F_2$ 群体对目标性状进行遗传分析。

（3）定位群体。Lx7226 与 *ygl-1* 组配的 $F_2$ 及 $F_3$ 分离群体作为初步定位及精细定位的群体。

（4）表达分析。种在温室的野生型玉米自交系 Lx7226 和黄绿叶突变体 *ygl-1*。

#### 2.1.1.2 常用的生化试剂与药品

Taq DNA Polymerase、dNTP 及 buffer 等购自北京全式金生物技术股份有限公司；引物序列由英潍捷基（上海）贸易有限公司合成；感受态细胞（Trans–T1）、克隆载体（pEASY–T1 Cloning Vector）、质粒提取试剂盒（EasyPure Plasmid MiniPrep Kit）和回收试剂盒（EasyPure Quick Gel Extraction Kit）购自北京全式金生物技术股份有限公司；植物总 RNA 提取试剂盒（RNAprep Pure Plant Kit）购自 TIANGEN 公司。限制性内切酶及反转录试剂盒（PrimeScript™ Ⅱ 1st Strand cDNA Synthesis Kit）购自 TAKARA 公司。其他常用试剂购自 Sigma 或国产。

### 2.1.2 试验方法

#### 2.1.2.1 叶绿素和类胡萝卜素含量的测定

（1）取新鲜植物叶片，擦净组织表面污物，剪碎（去掉中脉），混匀。

（2）称取剪碎的新鲜样品 0.1 ～ 0.2g，3 份，分别放入 10 ～ 15mL 提取液［95% 丙酮：100% 无水乙醇（体积比 = 2∶1）］中。26℃黑暗条件下浸泡 24 ～ 48h。

（3）用分光光度计分别测量 470nm（类胡萝卜素的最大吸收峰）、645nm（叶绿素 b 的最大吸收峰）和 663nm（叶绿素 a 的最大吸收峰）3 个波长下各个待测溶液的光密度（Optical dentisty，OD）值，每个样品进行 3 次重复，取平均值。

（4）根据如下公式计算出待测样品叶片中的叶绿素 a（Chl a）、叶绿素 b（Chl b）以及类胡萝卜素（Car）的含量。

$$\text{Chl a (mg/g)} = [(12.7OD_{663} - 2.69OD_{645})V]/(W \times 1\,000)$$

$$\text{Chl b (mg/g)} = [(22.9OD_{645} - 4.68OD_{663})V]/(W \times 1\,000)$$

$$\text{Car (mg/g)} = [OD_{470}(V/W) - 3.27\ \text{Chl a} - 104\ \text{Chl b}]/198$$

#### 2.1.2.2 叶绿体透射电镜观察

将野生型植株 Lx7226 和突变体植株 *ygl-1* 相同部位叶片材料切成 1mm×1cm 的矩形小方块，固定于 2.5% 的戊二醛溶液中（放 4℃冰箱 2h 以上）；用 0.1mol/L 磷酸缓冲液漂洗 45min，分 3 次，每次 15min；漂洗后固定于 1% 锇酸（pH 值 7.2）1h；再用 0.1mol/L 磷酸缓冲液漂洗 45min，分 3 次，每次 15min；用 1% 醋酸铀块染 2h；用 50%、70%、80%、90%、100% 丙酮各脱水 15min，再用 100% 丙酮脱水 2 次，每次 10min；浸透（丙酮：包埋液 =1∶1，37℃烘箱 2h；丙酮：包埋液 =1∶4，37℃烘箱过夜；纯包埋液 45℃烘箱 2h）；包埋聚合（45℃烘箱 3h，65℃烘箱 48h）；修块；半薄切片光镜定位；挑选并清洗好载网，在载网上覆盖支持膜；超薄切片（切片机型号：Leica，UltracutUCT）；最后在日立 H-7500 型透射电镜下观察、照相。

**2.1.2.3 光合作用相关参数测定**

9—10 时，用 Li-6400 光合仪对种植在温室的野生型 Lx7226 和突变型 *ygl-1* 穗位叶进行光合作用相关参数的测定。

**2.1.2.4 DNA 提取**

（1）试剂配制。

CTAB 提取液：3%CTAB，1.4mol/L NaCl，0.2% 巯基乙醇，20mol/L EDTA，0.1mol/L Tris-HCl（pH 值 8.0）。

（2）提取步骤。

①取苗期玉米新鲜叶片，大小约 4cm×6cm，装入对应编号的 2mL 离心管作为样本。

②向装样品的离心管中加入直径为 5mm 的不锈钢珠，遂将离心管放入液氮中冷冻。

③用组织研磨仪（TissueLyser Ⅱ，QIAGEN）将样品磨碎至粉末状。

④打开水浴锅恒温至 65℃，向磨好的样品中加入 500μL 预热的 CTAB 提取液，盖好离心管盖恒温水浴 30 ～ 60min，其间每隔 10min 轻轻摇动几次。

⑤取出离心管晾至室温，加入 500μL 的氯仿 / 异戊醇（体积比为 24∶1）轻柔地摇晃（或置摇床上 40 ～ 60r/min 摇荡），直到离心管底部液体呈现墨绿色。

⑥静止 10min 后，室温下以 12 000r/min 离心 10min。

⑦小心地吸取上清液转到另一灭菌的 2.0mL 离心管中，加入上清液 2 倍体积的无水乙醇，轻轻摇匀，放入 -20℃的冰箱冷冻 30min，使 DNA 充分的析出。

⑧取出离心管，12 000r/min 离心 10min，小心倾出上清液，以避免附在管底的 DNA 流出。

⑨加入 70% 的酒精将 DNA 洗 2 ～ 3 次，放干净的吸水纸上晾干 30 ～ 40min。

⑩加入 300 ～ 500μL 的 $ddH_2O$ 溶解，备用。

### 2.1.2.5 引物设计与合成

基因定位所用引物从公共数据库 maizeGDB 下载 SSR 引物序列或引用前人发表文献公布的引物序列，送英潍捷基（上海）贸易有限公司合成；表达分析引物用 Primer 5.0 设计或引用文献报道相关引物序列，送英潍捷基（上海）贸易有限公司合成；基因扩增引物用 Primer 5.0 设计，送英潍捷基（上海）贸易有限公司合成。

### 2.1.2.6 PCR 扩增

（1）扩增体系（表 2-1）。

**表 2-1　PCR 扩增体系**

| 试剂 | 用量（μL） |
|---|---|
| 10×buffer | 1.5 |
| dNTPs（2.5μmol/L） | 0.38 |
| Taq 酶（5U/μL） | 0.3 |
| Forward primer（10μmol/L） | 0.6 |
| Reverse primer（10μmol/L） | 0.6 |
| DNA（20 ～ 50ng） | 1.5 |
| $ddH_2O$ | 10.12 |
| Total | 15 |

（2）扩增程序（表 2-2）。

**表 2-2　PCR 扩增程序**

| 步骤 | 程序 |
|---|---|
| Step1 | 95℃ for 5min |
| Step2 | 94℃ for 1min |
| Step3 | 58 ～ 60℃ for 45s |
| Step4 | 72℃ for 1min |
| Step5 | Go to step 2 for 34 ～ 35 cycles |
| Step6 | 72℃ for 10min |
| Step7 | 15℃ for ever |
| Step8 | End |

#### 2.1.2.7 变性聚丙烯酰胺凝胶电泳

（1）试剂配制。

① 40% 丙烯酰胺：丙烯酰胺（Acrylamide）380g，甲叉双丙烯酰胺（Methylenebisacrylamide）20g，加 dd$H_2O$ 600mL 溶解，定容至 1 000mL，过滤，4℃避光保存。

② 6% 丙烯酰胺胶：40% 丙烯酰胺溶液 150mL，10×TBE 100mL，尿素 420g，溶解后定容至 1 000mL，使用前双层滤纸过滤。

③ 10×TBE：称取 Tris 108g，硼酸 55g，并加入 0.5mol/L EDTA（pH 值 8.0）40mL，定溶至 1 000mL。

④ 5× 上样缓冲液：0.25g 溴酚蓝，0.25g 二甲苯青，加入 0.5mol/L EDTA（pH 值 8.0）2mL，98% 甲酰胺 98mL，定容至 100mL。

（2）聚丙烯酰胺凝胶电泳步骤。

①胶的制备：

涂板：用洗涤液把玻璃板反复擦洗干净，流水冲净后，再用 95% 的酒精擦净。在凹板上滴加 2% 的剥离硅烷（Repel silane），迅速擦拭均匀，晾干；在平板上滴加 0.5% 亲和硅烷（Binding silane），以同样的方法涂擦均匀晾干。

固定玻璃板：将涂擦 Binding silane 的平板面向上平放，两侧边缘放置合适的压条，将凹板涂 Repel silane 的面向下扣到平板上，四周对齐，两侧用夹子夹紧。

胶的配制：在灌胶模具瓶中加入预先配制好的 6% 聚丙烯酰胺胶 60mL，加入 200μL 20% 过硫酸铵和 50μL 的 TEMED，迅速摇匀。

灌胶：将夹好的玻璃板顶端抬起少许，从凹槽处缓缓灌入刚摇匀的聚丙烯酰胺胶。注意灌胶过程不能中断，根据胶在玻璃板中的流动速度决定灌胶的快慢，防止灌胶口及玻璃板内部出现气泡。待胶布满玻璃板内部空隙并到达底部后，在灌胶口小心地插入梳子，然后让胶聚合 1 ～ 2h。

②电泳：

扩增产物的处理：在 20μL 的 PCR 产物中加入 5μL 6×Loading buffer，轻微离心，放 PCR 仪中 95℃变性 5min，结束后立即转移到冰上冷却备用。

1×TBE 的配制：取 200mL 10×TBE，加入 1 800mL 的超纯水，混匀

后加入到电泳槽中。

上板：将灌胶的玻璃板凹槽冲内放于电泳槽内，两端拧紧螺丝将玻璃板牢固地固定在电泳槽上。夹紧电泳槽的出水口，向电泳槽的顶端凹槽注入 TBE 缓冲液，直至缓冲液没过凝胶并高出 2 ～ 3cm。清理干净点样槽内残存的凝胶等杂物，插入合适大小的梳子，梳子齿末端要有少许嵌入凝胶内。

点样：用微量注射器吸取 3 ～ 4μL 样品，按顺序逐一加到点样孔中，60W 电泳 1h 左右。

卸板：电泳结束后，卸下凝胶板，将涂剥离硅烷的凹板取下，由于涂抹了亲和硅烷，凝胶紧贴于平板上。保留该板以备银染。

③银染：

固定：选取大小合适的塑料盆，加入 200mL 的无水乙醇和 10mL 的冰乙酸，用蒸馏水稀释到 2 000mL，带胶面冲上将玻璃板放入固定液，轻摇 20 ～ 30min。

水洗：用蒸馏水水洗 2 次，每次 3min。

染色：取 4g 硝酸银溶入 2 000mL 蒸馏水，将沥干水分的玻璃板胶面冲上放入其中，染色 15 ～ 20min。

显影：把染色的玻璃板在蒸馏水中快速漂洗 4s 后，放入含有 30g 氢氧化钠和 10mL 甲醛的 2 000mL 的显影液中，直到显现出清晰的条带为止。

定影：把显影过的玻璃板放入碳酸氢钠溶液中终止显色反应，之后取出玻璃板用蒸馏水冲洗 2 次，室温下放置晾干。

④读带：在白炽灯下读取各个单株的带型，并做好记录。根据双亲和 $F_1$ 的带型结合对应单株在田间的表现，找出发生交换的单株。

#### 2.1.2.8 PCR 产物的克隆与测序

（1）试剂及其配制。

① LB（大肠杆菌）培养基：酵母提取物 5g/L，胰蛋白胨 10g/L，NaCl 10g/L，琼脂粉 15g/L（液体培养基不加），按所需量配制并在 121℃下高压蒸汽灭菌 20min。

② X-gal 贮备液（20mg/mL）：将 2g X-gal 溶解于 100mL 二甲基甲酰胺中，用孔径为 0.22μm 滤器过滤除菌，分装入 1.5mL 离心管中，-20℃避

光保存。

③ IPTG 贮备液（200mg/mL）：将 1g IPTG 溶解于 5mL 双蒸水中，用孔径为 0.22μm 滤器过滤除菌，分装入 1.5mL 离心管中，–20℃避光保存。

④氨苄青霉素（Amp）母液（100mg/mL）：称取 500mg Amp，加 5mL 双蒸水溶解，用孔径为 0.22μm 滤器过滤除菌，分装入 1.5mL 离心管中，–20℃避光保存。

⑤电泳所用试剂：琼脂糖；1×TBE。

⑥ 0.5mol/L EDTA：EDTA 186.1g，溶于 800mL 蒸馏水中，用 NaOH 调 pH 值至 8.0，最后定容至 1 000mL，高压灭菌备用。

⑦ 1% 琼脂糖凝胶：4.0g 琼脂糖加入 400mL 1×TBE 缓冲液，加热煮沸至琼脂糖完全熔化，放置降温至 70 ～ 80℃时，加入一小滴 EB 贮备液。

（2）PCR 产物的克隆。

①候选基因目标片段的扩增：以基因组 DNA 为模板，使用引物 21-3F：CCCAAACGAACATGACCTAAAGC 和 21-6R：TTCATCAAGTAATCTCTATCACCTGC 扩增获得。

②目的片段与 pEASY-T1 克隆载体的连接：

连接体系：PCR 产物 3.5μL（根据 PCR 产物量可适当增加或减少，最多不超过 4μL），pEASY-T1 Cloning Vector 1.0μL。轻轻混合，室温（25 ～ 28℃）反应 5min（根据目的片段大小可适当延长反应时间）。反应结束后，将离心管置于冰上。

注意：为获得最佳克隆效率，插入片段和载体的摩尔比应为 3∶1。

③连接产物的转化：从 –80℃冰箱中取出分装好的大肠杆菌（*E.coli*）Trans-$T_1$ 感受态细胞，在超净工作台上完成以下操作。

a. 取 50μL（50 ～ 100μL）大肠杆菌感受态细胞 Trans-$T_1$，置于冰上。待其刚刚融化时，尽快加入连接产物 4 ～ 8μL（小于感受态菌液的 10%），轻轻振动以混匀，冰浴 30min。

注意：感受态细胞现用现取；在感受态细胞刚刚解冻时加入连接产物，此时转化效率最高；用手轻轻混匀，不可用移液器吹打。

b. 42℃水浴中热激 45 ～ 60s，之后迅速置于冰上 2 ～ 3min。此过程中不要晃动离心管，水温控制不可超过 43℃。

c. 把热激后的产物加入 500 μL 未加抗生素的 LB 液体培养基中，置恒温摇床上在 37℃、200r/min 的条件下温和振荡 45 ～ 60min，使菌体复苏。

d. 视菌液的混浊度而定，可以直接吸取菌液用于涂板，或离心浓缩后取菌液涂板，方法是将菌液 4 000r/min 离心 1 ～ 2min，倒掉一部分上清液，留 200 ～ 300μL 菌液，将菌体沉淀用漩涡振荡起来。

e. 在培养基灭菌后还没有凝结前，向 1L 的 LB 固体培养基中加入 1mL Amp、1mL X-gal 和 100μL IPTG，然后摇匀倒皿；或者是在已加了 Amp 的固体 LB 培养基平板上，在使用前加入 40μL X-gal 和 4μL IPTG，用涂布棒在培养基上涂抹均匀，平板置于室温直至液体被吸收。

f. 取 150 ～ 200μL（取决于平板的干燥性和菌液浓度）菌液加入准备好的平板中，用涂布棒涂布均匀，至平板表面干燥无液体流动为止。平板培养基表面若含较多水分，可将培养皿盖半开，放超净工作台上吹干 30min。

g. 将涂布好的平板倒置，不用封口（保持气体流通）放于 37℃培养箱培养 12 ～ 16h，待出现单菌落的蓝、白斑后取出，如蓝斑不明显，可将平板放 4℃冰箱 30 ～ 40min。

④阳性克隆的 PCR 鉴定：

a. 鉴定方法

方法一：用灭菌牙签（或灭菌的 10μL 枪头）挑白斑于加有 Amp 的 LB 液体培养基中（Amp 终浓度为 0.1mg/mL），37℃振荡培养过夜，吸取振荡培养的阳性克隆菌液 2μL 于 PCR 板孔中，加入配好的 PCR 扩增体系进行扩增。

方法二：用灭菌 10μL 枪头挑取白色单菌落，在空白 LB 平板上轻轻点触，作为母板保留。用过的枪头放至 PCR 板孔（已加入配好的 PCR 扩增体系），枪头上下抽打几次，剔除枪头，2 000r/min 离心 2min，进行扩增。反应体系中可用 M13 引物或扩增目的片段的引物。

b. 扩增体系（表 2–3）

**表 2–3　扩增体系**

| 试剂 | 用量（μL） |
|---|---|
| 菌液 | 1.5 |
| 10×buffer | 1.5 |
| dNTPs（2.5μmol/L） | 0.38 |

（续表）

| 试剂 | 用量（μL） |
|---|---|
| Taq 酶（5U/μL） | 0.3 |
| Forward primer（10μmol/L） | 0.6 |
| Reverse primer（10μmol/L） | 0.6 |
| $ddH_2O$ | 10.12 |
| total | 15 |

c. PCR 反应条件

95℃预变性 5min（裂解细胞，失活核酸酶），94℃变性 45s，58℃（或依据自己的引物而定）退火 45s，72℃延伸 1 ～ 1.5min（根据片段的大小决定延伸时间），32 个循环，72℃延伸 10min。

d. 电泳检测

确认包含重组子的克隆，扩大培养。

e. 酶切质粒鉴定阳性克隆

提取质粒，选用 EasyPure Plasmid MiniPrep Kit 试剂盒。具体步骤如下：

取 1 ～ 4mL 过夜培养的细菌 10 000×g 离心 1min，弃上清液，将管倒置于餐巾纸上数分钟，使液体流尽；

加入 250μL 无色溶液 RB（含 RNase A），振荡悬浮细菌沉淀，不应留有小的菌块；

加入 250μL 蓝色溶液 LB，温和地上下翻转混合 4 ～ 6 次，使菌体充分裂解，形成蓝色透亮的溶液，颜色由半透亮变为透亮蓝色，指示完全裂解（不宜超过 5min）；

加入 350μL 黄色溶液 NB，轻轻混合 5 ～ 6 次（颜色由蓝色完全变成黄色，指示混合均匀，中和完全），直至形成紧实的黄色凝集块，室温静置 2min；

15 000×g 离心 5min，小心吸取上清液加入吸附柱中；

15 000×g 离心 1min，弃流出液；

加入 650μL 溶液 WB，15 000×g 离心 1min，弃流出液；

15 000×g 离心 1 ～ 2min，彻底去除残留的 WB；

将吸附柱置于一干净的离心管中，在柱的中央加入 30 ～ 50μL EB 或去离子水（pH 值 >7.0）室温静置 1min( EB 或去离子水在 60 ～ 70℃水浴预热，使用效果更好 );

10 000×g 离心 1min，洗脱 DNA，洗脱出的 DNA 于 –20℃保存。

f. 酶切质粒

按表 2–4 配制酶切体系，37℃（根据选用的酶选择相应的酶切温度）酶切 1h（或更长）。根据片段大小鉴定是否为阳性克隆，确认包含重组子的克隆，扩大培养。

**表 2–4 酶切体系配制**

| 试剂 | 用量（μL） |
|---|---|
| 质粒 | 2 ～ 5 |
| 限制性内切酶（5U/μL） | 0.5 |
| Buffer | 2.0 |
| $ddH_2O$ | |
| Total | 20 |

（3）测序。取菌液或质粒送 Invitrogen 生物技术有限公司测序，测序结果用 DNAstar 软件进行分析。

**2.1.2.9 进化分析**

在 NCBI（http://www.ncbi.nlm.nih.gov）蛋白（或蛋白簇）数据库检索玉米及其他物种的 cpSRP43 蛋白及同源蛋白，并利用 DNAMAN 软件进行多重序列比对和同源性分析。

**2.1.2.10 表达分析**

（1）RNA 提取。RNA 提取按照植物总 RNA 提取试剂盒（RNAprep Pure Plant Kit）的说明书进行。

（2）反转录。反转录按照反转录试剂盒（PrimeScript™ Ⅱ 1st Strand cDNA Synthesis Kit）的说明书进行。

（3）半定量 RT–PCR。以各样品 cDNA 不同稀释倍数的样品为模板，用内参基因 *actin* 引物进行 PCR 扩增，浓度一致的样品挑选出来为模板，对各个基因的表达水平进行检测。

## 2.2 结果与分析

### 2.2.1 表型分析

#### 2.2.1.1 遗传分析

山东省农业科学院玉米研究所诱变育种课题组前期从原武 02 和掖 478 的杂交种自交后代中发现了一份黄绿叶突变体，命名为 *ygl-1*。通过对 *ygl-1* 突变体的遗传稳定性进行分析，发现该性状遗传稳定，在全生育期均自发地表现黄绿叶表型（图 2–1）；利用自交系 Lx7226、B73 和昌 7–2 与 *ygl-1* 突变体组配的 $F_1$ 和 $F_2$ 群体对目标性状进行了遗传分析，发现它们的 $F_1$ 均表现野生型，3 个 $F_2$ 分离群体中野生型与黄绿叶突变体的植株个数比均完全符合 3∶1，这些结果表明该性状由一对隐性核基因控制（表 2–5）。

**图 2–1　*ygl-1* 突变体及野生型植株的表型分析**

注：a、b 为两周大的 *ygl-1* 突变体及野生型 Lx7226 的表型观察；c 为 6 周大的 *ygl-1* 突变体（左侧）及野生型 Lx7226（右侧）的表型观察；d 为抽雄期 *ygl-1* 突变体（左侧）及野生型 Lx7226（右侧）的表型观察。

表 2–5　3 个 $F_1$ 和 $F_2$ 群体的遗传分析

| 组合 | $F_1$ 群体 | $F_2$ 群体 | | 分离比 | 卡方值 | *P* 值 |
|---|---|---|---|---|---|---|
| | | 野生型 | 突变体 | | | |
| Lx7226×*ygl-1* | 野生型 | 218 | 78 | 2.79 | 0.29 | 0.5 ～ 0.7 |
| B73×*ygl-1* | 野生型 | 212 | 62 | 3.41 | 0.82 | 0.3 ～ 0.5 |
| 昌 7–2×*ygl-1* | 野生型 | 205 | 63 | 3.25 | 0.32 | 0.5 ～ 0.7 |

注：卡方值 $_{(0.05,\ 1)}$=3.84。

#### 2.2.1.2 叶绿素相关成分含量测定

在苗期和成株期对正常植株 Lx7226 和黄绿叶突变体 *ygl–1* 的叶片相对应的位置取材，进行叶绿素 a、叶绿素 b 和类胡萝卜素含量的测定，结果发现无论在苗期还是成株期黄绿叶突变体与正常植株相比其叶绿素 a、叶绿素 b 和类胡萝卜素含量均显著下降，其中叶绿素 b 的含量下降最多，推测黄绿叶突变体 *ygl-1* 的表型主要是由叶绿素 b 的含量下降引起的（表 2–6）。

表 2–6　野生型及 *ygl-1* 突变体叶片中叶绿素相关成分含量　　单位：mg/g

| 材料 | 叶绿素 a | 叶绿素 b | 叶绿素 a/ 叶绿素 b | 类胡萝卜素 | 生长期 |
|---|---|---|---|---|---|
| Lx7226 | 1.75±0.00 | 0.43±0.00 | 4.06±0.01 | 0.35±0.00 | 苗期 |
| *ygl-1* | 1.39±0.00** | 0.26±0.00** | 5.40±0.01** | 0.34±0.00* | 苗期 |
| 比野生型（%） | –20.4 | –40.2 | 33.11 | –1.96 | |
| Lx7226 | 1.61±0.05 | 0.84±0.01 | 1.92±0.07 | 0.29±0.02 | 开花期 |
| *ygl-1* | 1.03±0.04** | 0.23±0.01** | 4.53±0.04** | 0.24±0.01* | 开花期 |
| 比野生型（%） | –35.71 | –72.79 | 136.25 | –17.19 | |

注：** 表示显著性差异 *P*=0.01；* 表示显著性差异 *P*=0.05。下同。

#### 2.2.1.3 叶绿体透射电镜观察

在苗期和成株期对正常植株 Lx7226 和黄绿叶突变体 *ygl-1* 的叶片相对应的位置取材，经过前处理后进行透射电镜观察。在苗期，黄绿叶突变体几乎没有基质片层堆积（图 2–2a），而正常植株堆积较多大而厚的基质片层（图 2–2b）。在开花期，黄绿叶突变体与正常植株相比其叶绿体基质片层少，排列不规则，结构松散（图 2–2c、d）。

**2.2.1.4 光合作用相关指标测定**

选择开花期晴朗日 9—10 时测定种植在温室的野生型 Lx7226 和突变体 *ygl-1* 的穗位叶的净光合速率、气孔导度、蒸腾速率和胞间 $CO_2$ 浓度。结果发现 *ygl-1* 突变体中净光合速率、气孔导度、蒸腾速率和胞间 $CO_2$ 浓度均显著下降，表明突变体的光合作用能力严重降低（表 2–7）。这一结果与光合色素相关成分含量显著降低，叶绿素 a / 叶绿素 b 比值显著升高和叶绿体发育受阻的结果相一致。

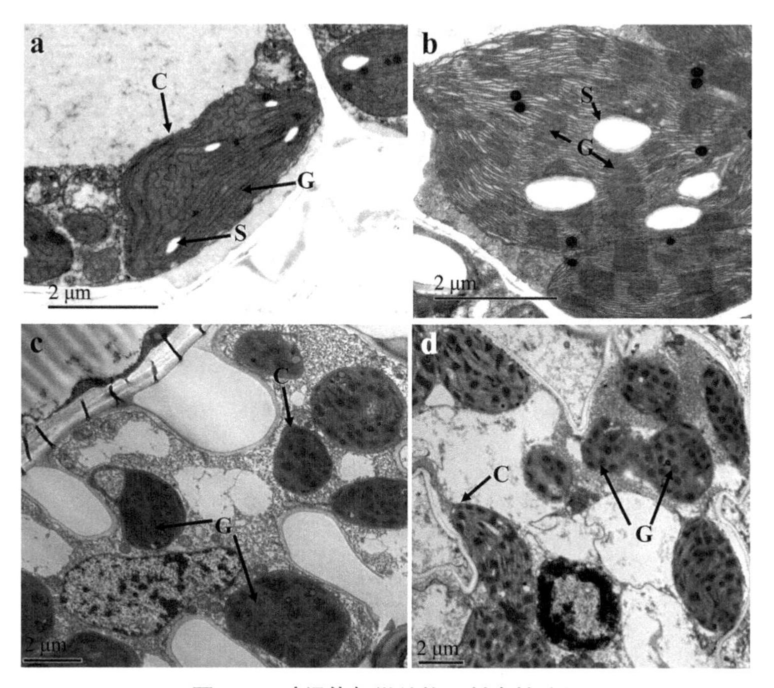


**图 2–2 叶绿体超微结构透射电镜分析**

注：a、b 为苗期 *ygl-1* 突变体和野生型 Lx7226；c、d 为成株期 *ygl-1* 突变体和野生型 Lx7226。C 为叶绿体；S 为淀粉粒；G 为基粒。

**表 2–7 抽雄期野生型 Lx7226 和突变体 *ygl-1* 的光合作用相关指标测定**

| 材料 | 净光合速率［μmol /（$m^2$·s）］ | 气孔导度 | 胞间 $CO_2$ 浓度（μL/L） | 蒸腾速率［mmol/（$m^2$·s）］ |
| --- | --- | --- | --- | --- |
| Lx7226 | 15.58±1.18 | 0.13±0.03 | 258.75±17.40 | 1.54±0.29 |
| *ygl-1* | 5.13±0.57** | 0.05±0.01* | 155.5±1.29** | 0.76±0.11* |

### 2.2.2 *ygl-1* 的图位克隆

#### 2.2.2.1 *ygl-1* 初步定位

以 Lx7226/*ygl-1* 的 $F_2$ 分离群体为材料，用实验室合成的 224 对核心 SSR 引物借助 BSA 集团分离分析法找到了 1 个与目标基因连锁的多态性分子标记 P3（表 2–8），位于 Bin 1.01 区，与玉米中黄叶突变体已知功能基因 *elm1*（8.06）、*elm2*（9.03）、*vyl*–Chr.9（Chr.9）、*hcf60*（Chr.10）、*Oy1*（Chr.10）和 *vyl-Chr.1*（1.03）不在同一个染色体或同一染色体片段上，初步断定控制该性状的基因是一个功能尚不清楚的新基因。利用 maizeGDB 网站公布的 Bin 1.01 区的 23 对 SSR 引物挖掘与目标基因连锁的多态性分子标记，发现 5 个具有多态性，分别是 P1、P2、P4、P5、P6（表 2–8）。利用这 6 个多态性分子标记对 $F_2$ 分离群体中 231 株黄绿叶突变体的基因型进行检测，结合它们的表型，构建了黄叶突变基因 *ygl-1* 的遗传连锁图谱，*ygl-1* 基因被定位在遗传距离是 7.5cM 的两个分子标记 P2 和 P4 之间，所对应的物理距离为 2.6Mb（图 2–3、图 2–4a）。通过进一步开发与 *ygl-1* 基因连锁的多态性分子标记，新找到 4 个 SSR 标记，分别是 P7、P8、P9 和 P10。用这 4 个 SSR 标记筛选 P2 和 P4 两标记间的 34 个交换单株，结果发现 P7、P8、P9 和 P10 分别有 12 个、7 个、5 个和 7 个交换单株。因此，*ygl-1* 被定位在物理距离约为 0.86Mb 的标记 P8 和 P9 之间（图 2–4b）。

**表 2–8　图位克隆 *ygl-1* 基因所用的标记**

| BAC 号 | 标记 | 引物序列（5′–3′） | 产物大小（bp） |
|---|---|---|---|
| AC194148.5 | P1 | F:TCTTCATCTCTCTATCAAACTGACA | 230 |
| | | R:TGGCACATCCACAAGAACAT | |
| AC193998.4 | P2 | F:GAAGTGGGGAACATGGTTAATGTC | 157 |
| | | R:TCACGGTTCAGACAGATACAGCTC | |
| AC190890.6 | P7* | F:TTGTCCCTGCTTGCATGACA | 155 |
| | | R:TGGCTCGATCAACTTCCCTG | |
| AC193473.4 | P8* | F:ACGAACAGGAGAACATGCGT | 212 |
| | | R:CATGGCAGCCCACATTTGTT | |
| AC191330.4 | P3 | F:CGCCTGTGATTGCACTACAC | 161 |
| | | R:CACGCTGTTTCAGACAGGAA | |

（续表）

| BAC 号 | 标记 | 引物序列（5′–3′） | 产物大小（bp） |
|---|---|---|---|
| AC191330.4 | P11* | F:CTTCCCAAAAGCCACCCAGA | 198 |
| | | R:GTGGATGCTTGCATGACGAC | |
| AC201968.5 | P12* | F:CCTCAACTTCCCCATCTCCG | 199 |
| | | R:TGCGCCTAACCTTCGAAGTT | |
| AC195193.4 | P13* | F:CTCATTTTGTTCCAGACCCGC | 144 |
| | | R:ACTGGTACCTTTCAGGGCAA | |
| AC195193.4 | P14* | F:GTGCTGTGCATGCGTATCTG | 204 |
| | | R:GTACCACCGACCATCCCATC | |
| AC195193.4 | P9* | F:TTTCAGTTCGGCGTCGATCA | 227 |
| | | R:GGGCCCGTGTACATGTTACA | |
| AC195884.4 | P10* | F:GAGATCACCAGCCGTTCCTC | 191 |
| | | R:GACGATAGGCGGTTCTCGTG | |
| AC190859.4 | P4 | F:TATATTAGAGGCACCTCCCTCCGT | 377 |
| | | R:AGCTGCTTCAGCGACTTTGG | |
| AC190706.4 | P5 | F:GTGAGAATCCTTCAGCGGAG | 182 |
| | | R:CTGTGGCAGATGTGGTATGG | |
| AC205622.1 | P6 | F:CGTTTGATATGATGTGGAGATTCG | 135 |
| | | R:AAGCTTGTGAATGTTCTGGATGTC | |

注：* 代表这些引物引自前人文献（Xu et al.，2013）。

#### 2.2.2.2 *ygl-1* 精细定位

为了对 *ygl-1* 基因进行精细定位，新发现 4 个 SSR 标记具有多态性，即 P11、P12、P13 和 P14（表 2–8）。分别用 SSR 标记 P3 和 P9 对 2 247 个 $F_3$ 个体（当时只有 4 个 $F_2$ 玉米穗子，只好先用 $F_3$ 群体定位了）和 2 930 个 $F_2$ 个体进行基因型的检测，结合它们的表型发现 P3 标记有 32 个交换单株，其中 22 个来自 $F_3$ 群体，10 个来自 $F_2$ 群体；P9 标记有 96 个交换单株，其中 52 个来自 $F_3$ 群体，44 个来自 $F_2$ 群体。用标记 P11、P12、P13 和 P14 对 P3 和 P9 之间的 133（32+96+5）个交换单株进行基因型的鉴定，发现分别有 3 个、1 个、1 个和 4 个交换单株，并且标记 P12 和 P13 位于基因 *ygl-1* 的两侧。因此，目前目标基因被定位在物理距离约为 48kb 的两个分子标记 P12 和 P13 之间（图 2–4c）。

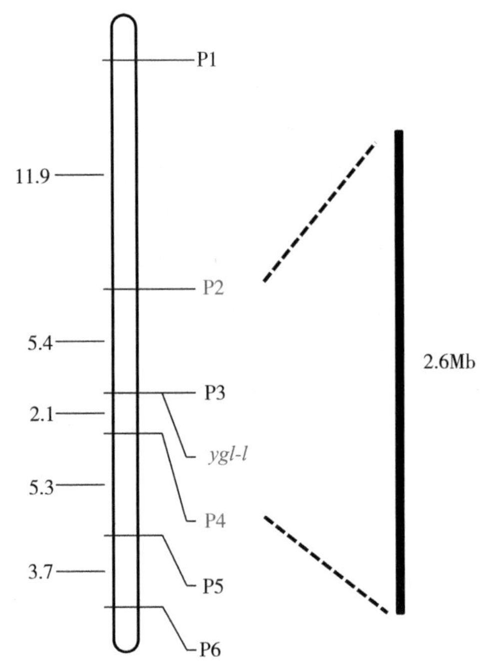


图 2-3 黄绿叶突变基因 *ygl-1* 的遗传连锁图谱

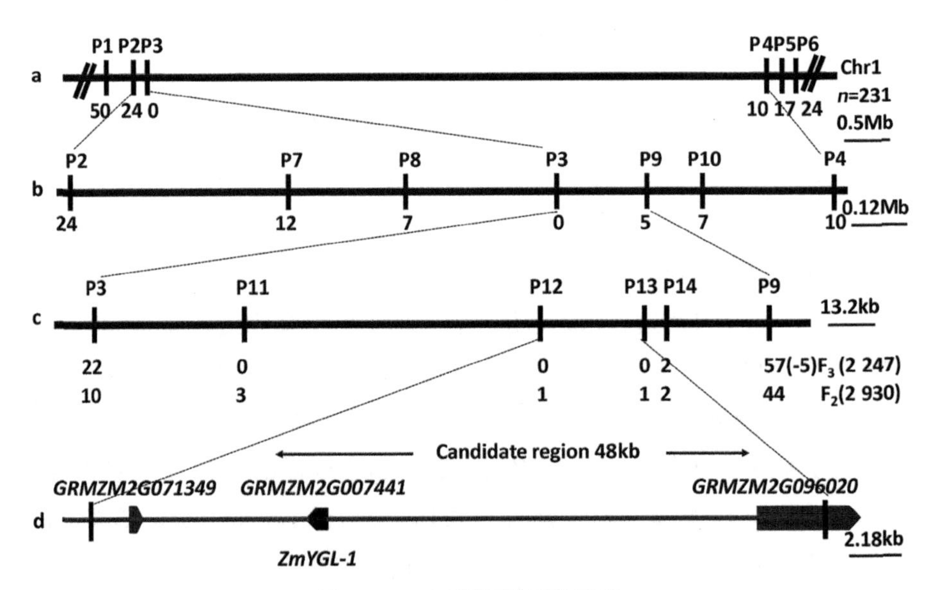


图 2-4 *ygl-1* 基因的图位克隆

注：a 为用 231 个 $F_2$ 分离群体中的黄绿叶突变体将 *ygl-1* 基因定位在 1 号染色体短臂 1.01 区的两个 SSR 标记 P2 和 P4 之间；b 为利用 4 个新的多态性标记将 *ygl-1* 基因进一步定位在两标记 P8 和 P9 之间；c 为利用 2 247 个 $F_3$ 个体和 2 930 个 $F_2$ 个体最终将 *ygl-1* 基因定位在 P12 和 P13 之间的 48kb 内；d 为候选区间内 maizeGDB 数据库有 3 个注释基因。水平线下面的数字代表的是对应标记检测到的重组个体数目；标尺代表的是物理距离。

#### 2.2.2.3 候选基因的确定

利用基因分析与预测软件（www.softberry.com）对这 48kb 进行基因预测，结合 maizeGDB 网站公布的注释基因，在该区间有 3 个候选基因，其中一个编码 43kDa 的叶绿体信号识别蛋白（cpSRP43），与水稻、拟南芥和莱茵衣藻中的黄绿叶突变体 *OscpSRP43*、*AtcpSRP43* 和 *CrcpSRP43* 编码的蛋白分别有 76%、54% 和 36% 的同源性（Kirst et al.，2012；Klimyuk et al.，1999；Lv et al.，2015；Wang et al.，2016）。另外两个基因未见报道与叶绿素代谢相关，所以推测编码 43kDa 叶绿体信号识别蛋白的基因（*GRMZM2G007441*）就是 *ygl-1* 的候选基因（图 2–4d）。

#### 2.2.2.4 候选基因序列分析

通过搜索玉米基因组数据库，发现 *YGL-1* 为单拷贝基因，且只有一个外显子。其编码区全长 1 281bp，编码 426 个氨基酸，167 ～ 278 个氨基酸为 ANK 结构域，175 ～ 269 个氨基酸为 ANK_2 结构域，363 ～ 418 个氨基酸为 CHROMO 结构域（图 2–5、图 2–6）。*YGL-1* 基因编码区序列通过使用 PCR 引物从野生型和突变体叶片基因组中扩增获得，直接连接克隆载体，测序，然后用序列分析软件 DNAstar 进行序列比对。序列分析发现，与 6 个野生型玉米自交系（B73、Lx7226、原武 02、掖 478、郑 58、昌 7–2）相

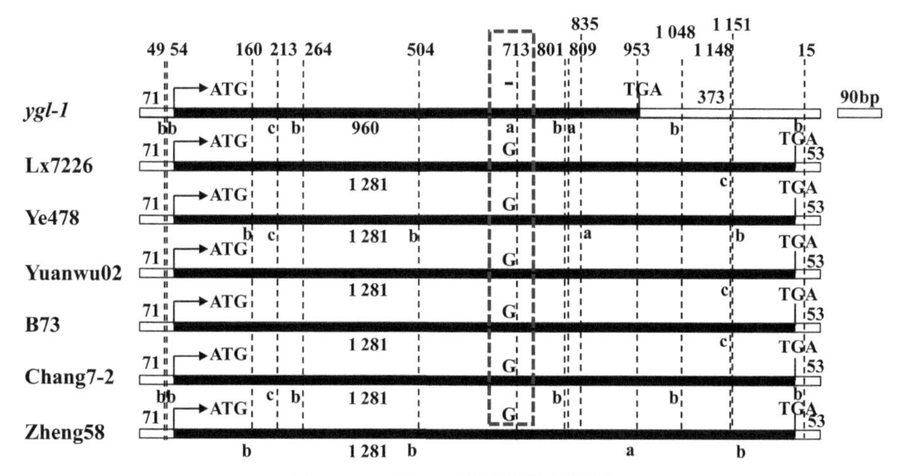


**图 2–5 *YGL-1* 基因结构示意图**

注：带有数字的黑色方框表示 ORFs；带有数字的白色方框表示 ORFs 上游或下游序列；虚线方框标注的是 *ygl-1* 在编码区 713bp 处发生了 1bp 的缺失（–/G）；a ～ c 代表发生在 ORFs 或其上游 / 下游的单个 SNP 能够将 7 份材料分为两组，其分别能够将 1 份、2 份或 3 份材料与其他材料区分开；虚线上方的数字表示 SNPS 发生在 ORFs 或其上游 / 下游的位置。

比 *ygl-1* 在编码区 713bp 处发生 1bp（–/G）的缺失，造成移码突变导致翻译提前终止（图 2–5）。*ygl-1* 编码区全长 960bp，编码 319 个氨基酸，比野生型（426 个氨基酸）少了 107 个氨基酸，CHROMO 结构域缺失，ANK 和 ANK_2 结构域发生很大改变（图 2–5、图 2–6）。

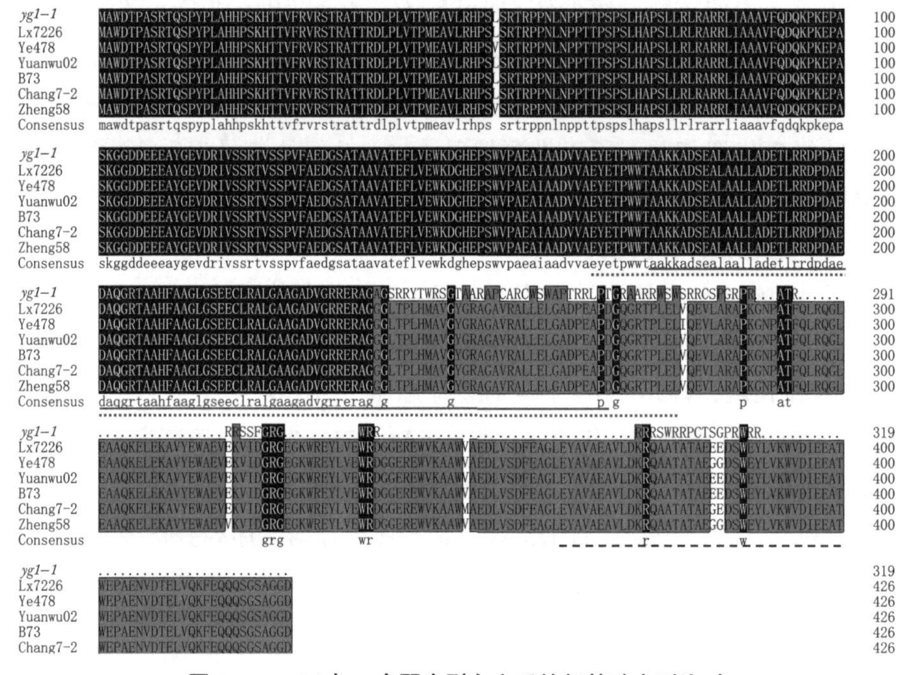


**图 2–6　*ygl-1* 与 6 个野生型自交系的氨基酸序列比对**

注：使用软件 DNAMAN 5.0 进行多重序列比对。实线、圆点虚线、短划线分别代表 ANK_2、ANK 和 CHROMO 保守结构域。

### 2.2.2.5 候选基因编码蛋白的进化分析

通过在 NCBI（http://www.ncbi.nlm.nih.gov/blast）数据库搜索 YGL–1 的同源蛋白，并进行同源比对，发现相似性从高到低依次为高粱（87%）、谷子（81%）、水稻（76%）、二穗短柄草（71%）、拟南芥（54%）、小立碗藓（47%）、江南卷柏（46%）、原始小球藻（43%）、莱茵衣藻（36%）（图 2–7）。进化分析发现单子叶植物（玉米、高粱、谷子、水稻、二穗短柄草）、双子叶植物（拟南芥）、苔藓植物（小立碗藓）和蕨类植物（江南卷柏）明显地分为一个亚群，低等植物包括原始小球藻和莱茵衣藻划分为另一个亚群（图 2–8）。这个结果表明 YGL–1 蛋白在植物中还是很保守的。

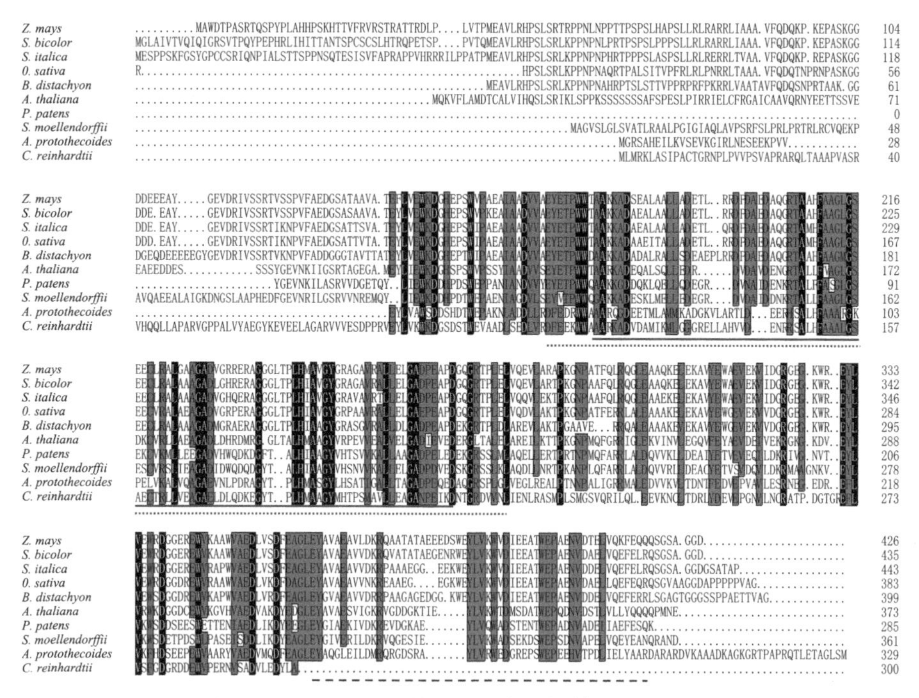


**图 2–7　YGL–1 及其同源蛋白的氨基酸序列比对**

注：蛋白序列号为玉米 [YGL–1，DAA43190.1]；高粱 [XP_002465920.1]；谷子 [XP_004985832.1]；水稻 [NP_001048866.1]；二穗短柄草 [XP_003562136.1]；拟南芥 [NP_566101]；小立碗藓 [XP_001771412.1]；江南卷柏 [XP_002989974.1]；原始小球藻 [XP_011399198.1]；莱茵衣藻 [AGC59877.1]。实线、圆点虚线、短划线分别代表 ANK_2、ANK 和 CHROMO 保守结构域。

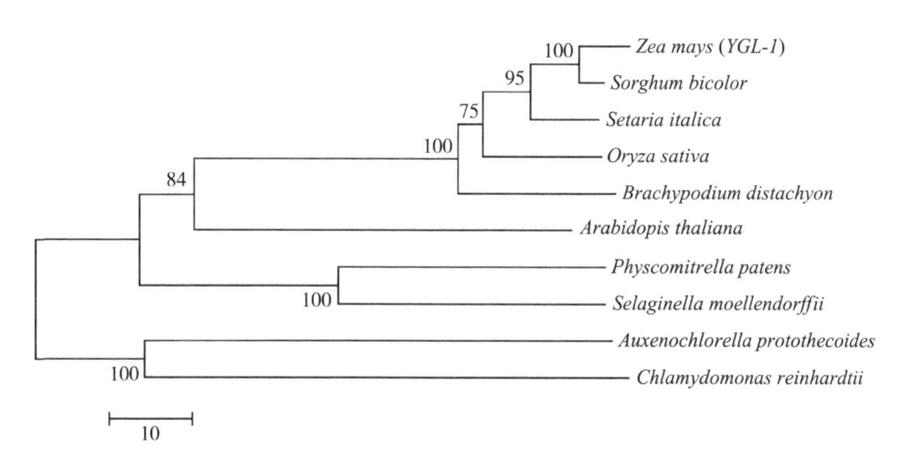


**图 2–8　YGL–1 及其相关蛋白的进化分析**

注：蛋白序列号为玉米 [YGL–1，DAA43190.1]；高粱 [XP_002465920.1]；谷子 [XP_004985832.1]；水稻 [NP_001048866.1]；二穗短柄草 [XP_003562136.1]；拟南芥 [NP_566101]；小立碗藓 [XP_001771412.1]；江南卷柏 [XP_002989974.1]；原始小球藻 [XP_011399198.1]；莱茵衣藻 [AGC59877.1]。

### 2.2.3 表达分析

#### 2.2.3.1 *YGL-1* 表达分析

*YGL-1* 基因在 *ygl-1* 突变体和野生型的根（R）、茎（S）、叶（L）、雌穗（E）和雄穗（T）中均有表达，且均在雌穗中表达量最高（图 2–9a）。该基因在 1 周、6 周和 10 周时的叶片中的表达无明显差异，在野生型和突变体间也无明显差异（图 2–9b）。这个结果表明该基因的表达不受发育阶段的调控。此外，在光照和黑暗下生长 1 周的苗期叶片中，黑暗下该基因在野生型和突变体中的表达量均比光照下显著提高，野生型和突变体间没有明显差异（图 2–9c），这个结果表明该基因的表达受光照强度的调控。这些结果表明 *ygl-1* 的提前终止突变并未影响自身 mRNA 的表达变化。

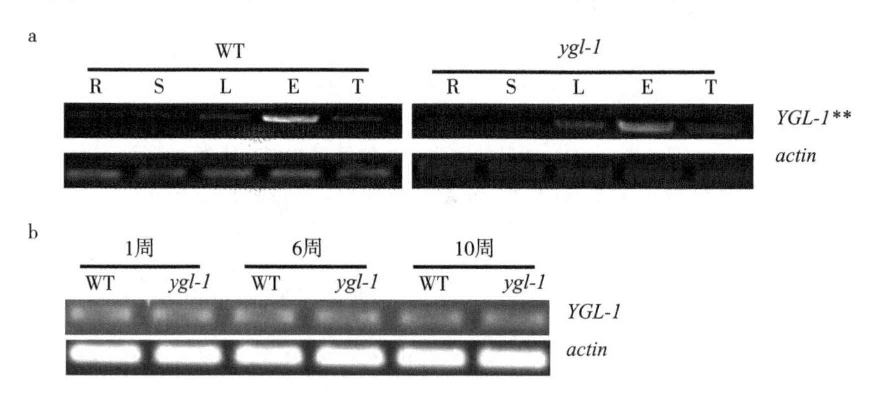


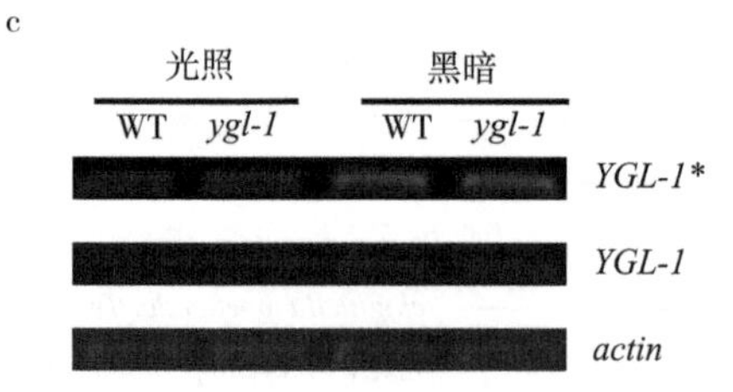


**图 2–9 *YGL-1* 的半定量 RT–PCR 分析**

注：a 为 *YGL-1* 在野生型和 *ygl-1* 突变体中根、茎、叶、雌穗和雄穗中的表达谱分析；b 为 *YGL-1* 在野生型和突变体 1 周、6 周和 10 周叶片中的表达分析；c 为 *YGL-1* 在野生型和突变体光照 / 黑暗处理 1 周叶片中的表达分析。*actin* 基因扩增 24 个循环，由于 *YGL-1* 基因扩增 24 个循环太弱就扩增了 28 个循环。* 代表 *YGL-1* 扩增 30 个循环；** 代表 *YGL-1* 扩增 32 个循环。WT 代表野生型 Lx7226。

#### 2.2.3.2 *ygl-1* 对其他基因表达的影响

以 6 周时野生型和突变体的叶片 cDNA 为材料，对参与叶绿素合成、叶绿素发育和光合作用的 19 个基因进行表达分析。如图 2–10 所示，参与叶绿素生物合成的基因 *elongated mesocotyl1*（*elm1*）和 *elongated mesocotyl2*（*elm2*）的表达在突变体和野生型间无明显差异。编码多肽反应中心的 *psbA* 及编码二磷酸核酮糖羧化酶（Rubisco）大小亚基的 *rbcL1* 和 *rbcS1*，它们的表达在突变体和野生型间也均无明显差异。对编码捕光叶绿素蛋白（Light-harvesting chlorophyll proteins，LHCP）的 7 个基因（*lhca1*、*lhcb1*、*lhcb2*、*lhcb3*、*lhcb6*、*lhcb7* 和 *lhcb9*）的表达进行检测，6 个基因的表达在野生型和突变体间无明显差异，只有 *lhcb3* 在突变体中抑制表达或表达量太低几乎检测不到表达。与叶绿体发育或功能相关的其他 6 个基因的表达在突变体和野生型间也有明显差异。编码 ClpP5 亚基的 *vyl-Chr.1* 和 *vyl-Chr.9* 在突变体中的表达轻微降低；编码 cpFtsY 的 *csr1* 在突变体中的表达严重降低；编码玉米 cpSRP54 蛋白的基因 *X1* 在突变体中的表达显著升高；编码叶绿体核糖体小亚基的 *hcf60* 和参与叶绿体细胞色素 b6f 复合物合成的 *hcf106* 在突变体中的表达均显著升高。编码基质蛋白伴侣的 *hsp70* 在突变体中的表达与野生型无明显差异。这些结果表明 *ygl-1* 突变体可能主要影响参与叶绿体发育的基因的表达，并且它们的表达变化可能受 *ygl-1* 在翻译水平或翻译后水平调控。

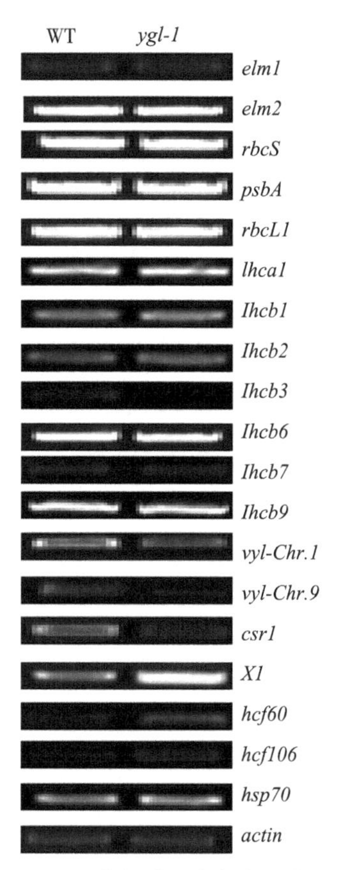


**图 2–10　19 个与叶绿素合成，叶绿体发育和光合作用相关的基因的表达分析**

注：cDNA 模板来自 6 周时的突变体 *ygl-1* 和野生型 Lx7226 的叶片。所有的基因均扩增 24 个循环，*actin* 基因作为对照。WT 代表野生型 Lx7226。

## 2.3 讨论与结论

叶绿体的生长发育是一个复杂的过程，需要紧密协调核基因组和质体基因组的表达，叶绿体内许多蛋白是由核基因编码的，前质体发育成叶绿体受核基因的调控。玉米 *YGL-1* 基因编码了一个叶绿体信号识别颗粒 cpSRP43，在介导捕光色素蛋白运输到类囊体膜上的过程中发挥着重要的作用。*YGL-1* 在水稻、拟南芥中的同源基因突变后均导致叶色变异（Kirst et al.，2012；Klimyuk et al.，1999；Lv et al.，2015；Wang et al.，2016），呈现黄绿色。在水稻 *OscpSRP43* 突变体中，与叶绿素生物合成，叶绿体发育及光合作用相关的一些基因的表达均受到影响。本研究发现 *ygl-1* 突变体主要影响与叶绿体发育相关的基因表达。另外，检测的 7 个编码捕光色素蛋白的基因中有一个在突变体中的表达量显著降低。拟南芥中通过免疫印迹分析发现 *AtcpSRP43* 突变体中一些捕光色素蛋白的量比野生型显著降低。这也证明 cpSRP43 是一些捕光色素蛋白向类囊体膜转运所需要的。玉米 *ygl-1* 突变体和水稻 *OscpSRP43* 突变体的叶绿体发育受阻，其叶绿素相关成分的含量均显著降低，光合作用能力显著降低。由此可见，*YGL-1* 是植物叶绿体正常发育所需要的。

# 3

# 玉米胚乳皱缩基因 *shrunken1-m* 的遗传分析及定位

玉米是重要的粮食作物、饲料作物，也是重要的轻工业原料作物。随着世界能源的日益紧缺，玉米的能源价值也逐渐受到人们的重视。为了适应人、畜和工业发展的需要，提高玉米的产量和品质显得十分迫切。玉米的营养价值和经济价值主要体现在玉米的籽粒上，籽粒中胚乳部分占籽粒干重的 70% ～ 90%，解析与玉米胚乳发育和形成相关的功能基因对提高玉米产量与品质具有重要意义。

本研究中所使用的玉米胚乳皱缩突变体 *sh1-m* 是在玉米改良自交系改 - 郑 58 自交后代中发现的，通过多代自交表现稳定遗传。本研究对其籽粒进行了扫描电镜观察、生理生化指标测定及遗传分析，并利用图位克隆技术对其突变基因进行了精细定位，确定了候选基因并通过等位突变体验证了其功能。

玉米籽粒中 70% 左右为淀粉，淀粉是动物和人类营养的能量来源，也是重要的工业原料，被广泛应用于化工、医药、建筑、纺织和塑料等领域，在国民经济中发挥着重要的作用，其中用高直链淀粉取代聚苯乙烯，生产可降解塑料，大量应用于包装工业和农用薄膜加工业，这有可能从根本上解决白色污染问题，将为世界环保事业带来一次重大革命。玉米淀粉是植物淀粉中化学成分最佳的淀粉原料之一，具有高纯度（99.5%）、高提取率（93% ～ 96%）、营养成分丰富、经济效益佳等优势，当前，玉米淀粉的产量更是占了我国淀粉总产量的 85% 以上。

淀粉的生物合成经历了一系列的酶促反应，主要涉及 5 种关键酶，即蔗糖合酶（Sucrose synthase）、ADP-葡萄糖焦磷酸化酶（ADP-Glucose pyrophosphorylase，AGPase）、淀粉合成酶（Starch synthase）、淀粉分支酶（Starch branching enzyme）和淀粉去分支酶（Starch debranching enzyme）。其中，蔗糖合酶负责催化蔗糖降解，生成 UDP-Glc 和果糖，这一步骤在淀粉合成途径中起着重要的作用。在玉米中编码蔗糖合酶的基因目前发现有 3 个，即 *SUS1*、*SUS-SH1* 和 *SUS2*，其中 *SUS-SH1* 在合成蔗糖合酶的途径中起着主要的作用（Duncan et al.，2006）。本研究通过图位克隆的方法克隆了玉米蔗糖合酶基因 *sh1-m*，从生理生化和分子水平上初步解析了该基因的作用机理，也为其在作物品质性状改良上的应用提供理论依据。

## 3.1 材料与方法

### 3.1.1 试验材料

#### 3.1.1.1 植株材料

（1）*shrunken1-m*（*sh1-m*）突变体。*sh1-m* 突变体来自玉米改 - 郑 58 自交系，由河南农业大学董永彬博士赠送。*sh1-912A* 突变体由 Maize Genetics COOP Stock Center 赠送（Stock 912A）。

（2）遗传分析群体。用野生型玉米自交系 B73 和 Mo17 分别与突变体 *sh1-m* 组配 $F_1$，得到的 $F_1$ 分别自交或与突变体 *sh1-m* 回交获得 $F_2$ 和 $BC_1$ 群体，利用它们的 $F_1$、$F_2$ 和 $BC_1$ 群体对目标性状进行遗传分析。

（3）定位群体。B73 与 *sh1-m* 组配的 $BC_1$ 分离群体作为初步定位及精细定位的群体。

#### 3.1.1.2 常用的试剂与药品

见第 2 章。

### 3.1.2 试验方法

#### 3.1.2.1 直链淀粉含量测定

参照《大米　直链淀粉含量的测定》（GB/T 15683—2008/ISO 6647-1：2007）进行测定（熊宁等，2007）。

#### 3.1.2.2 胚乳淀粉粒扫描电镜观察

（1）固定。取野生型和突变体的籽粒，用2.5%戊二醛溶液固定（放入0～4℃冰箱中）。

（2）脱水。乙醇系列30%→50%→70%→85%→95%→100%（2次）逐级脱水，每级10～15min，块大的应适当摇动，保证脱水干净。

（3）中间液代换。分两步，第一步用醋酸（异）戊酯：乙醇＝1∶1的混合液浸泡10min，第二步用醋酸异戊酯浸泡10min，适当摇动。

（4）临界点干燥。代换后的样品转入样品篮中，放进预冷的临界点干燥仪样品室内，盖好室盖后注入液体二氧化碳，以淹没样品为准，先升温至15℃加热10min，再升温至35℃让其气化，观察液体全汽化后慢慢放气，必须待气放尽才能开盖取样。

（5）粘贴样品。一般样品可用双面胶带粘贴，如果样品块大，导电性差，必须用导电胶粘贴。

（6）离子溅射仪镀膜后入镜观察（日本日立，S-3400N）。

#### 3.1.2.3 DNA提取

详见第2章。

#### 3.1.2.4 引物设计、合成与分子标记开发

（1）引物设计、合成。基因定位所用SSR引物从公共数据库maizeGDB下载引物序列或引用前人发表文献公布的引物序列，送英潍捷基（上海）贸易有限公司合成；扩增基因所用引物用软件Primer 5.0设计，序列送英潍捷基（上海）贸易有限公司合成。

（2）分子标记的开发。

① SSR标记：参考maizeGDB中已公布的玉米B73的基因组序列，在NCBI网站上下载需要的BAC序列，利用SSRHunter软件对SSR位点进行搜索，在NCBI网站对得到的包含SSR位点的双侧翼大约150bp的序列进行拷贝性分析，单拷贝的序列利用软件Primer 5.0设计SSR分子标记。

② InDel/SNP标记的开发：设计引物扩增双亲单拷贝片段（500～1 500bp），克隆测序后双亲序列存在插入或缺失差异的片段用于开发InDel标记，存在单碱基差异的片段用于开发SNP标记。

#### 3.1.2.5 PCR 扩增

详见第 2 章。

#### 3.1.2.6 变性聚丙烯酰胺凝胶电泳

详见第 2 章。

#### 3.1.2.7 PCR 产物的克隆与测序

详见第 2 章。

## 3.2 结果与分析

### 3.2.1 表型分析

#### 3.2.1.1 遗传分析

突变体 *sh1-m* 与 B73、Mo17 杂交获得的 $F_1$ 种子胚乳均表现正常，获得的 $F_2$ 分离群体其正常胚乳与皱缩胚乳的种子个数分离比均符合 3∶1，同时获得的 $BC_1$ 分离群体其正常胚乳与皱缩胚乳的种子个数分离比为符合 1∶1（表 3–1）。这些数据表明突变体 *sh1-m* 的胚乳皱缩表型由一对隐性基因控制。

**表 3–1　3 个亲本及其组配的 $F_1$、$F_2$ 和 $BC_1$ 群体的表型分离比**

| 材料 | 组合 | 观察值 | | 期望值 | | 卡方值 | *P* 值 |
|---|---|---|---|---|---|---|---|
| | | 野生型 | 突变体 | 野生型 | 突变体 | | |
| *sh1-m* | | 0 | 20 | 0 | 20 | | |
| B73 | | 21 | 0 | 21 | 0 | | |
| $F_1$ | B73×*sh1-m* | 21 | 0 | 21 | 0 | | |
| $F_2$ | $F_1$⊗ | 288 | 78 | 274.5 | 91.5 | 2.66 | $0.1<P<0.2$ |
| $BC_1$ | （B73×*sh1-m*）×*sh1-m* | 152 | 157 | 154.5 | 154.5 | 0.08 | $0.7<P<0.8$ |
| Mo17 | | 23 | 0 | 23 | 0 | | |
| $F_1$ | Mo17×*sh1-m* | 24 | 0 | 24 | 0 | | |
| $F_2$ | $F_1$⊗ | 225 | 70 | 221.25 | 73.75 | 0.25 | $0.5<P<0.7$ |
| $BC_1$ | （Mo17×*sh1-m*）×*sh1-m* | 180 | 161 | 170.5 | 170.5 | 1.06 | $0.3<P<0.5$ |

注：WT 代表野生型；卡方值 $_{(0.05,\ 1)}$=3.84。

#### 3.2.1.2 直链淀粉含量测定

突变体 *sh1-m* 中的直链淀粉含量比野生型改 – 郑 58 显著提高 16.86%。

突变体 *sh1-912A* 中的直链淀粉含量与野生型改－郑 58 相比没有显著差异。突变体 *sh1-m* 与 *sh1-912A* 相比其直链淀粉含量差异达到极显著水平，提高 18.83%（表 3–2）。

**表 3–2　野生型和突变体 *sh1-m* 和 *sh1-912A* 的直链淀粉含量**

| 材料 | 野生型<br>改－郑 58 | 突变体<br>*sh1-m* | 突变体<br>*sh1-912A* |
|---|---|---|---|
| 直链淀粉含量（%） | 27.81±0.14 | 32.50±0.42[a] | 27.35±0.21[b] |

注：a 代表野生型与突变体 *sh1-m* 差异水平达到 0.05；b 代表突变体 *sh1-m* 与 *sh1-912A* 差异水平达到 0.01。

### 3.2.1.3 胚乳淀粉粒扫描电镜观察

野生型改－郑 58 的淀粉粒个体较大，周围有比较多的蛋白体包裹，外形呈现比较均一的多面球体，排列比较紧凑，其表面比较粗糙（图 3–1a）。与野生型相比，突变体 *sh1-m* 的淀粉粒个体略小，较少的蛋白体包裹，外形呈现圆球体，有较多的外形不规则的小淀粉粒，排列比较松散，表面比较光滑（图 3–1b）。突变体 *sh1-912A* 的淀粉粒略小，排列松散，表面较粗糙（图 3–1c）。

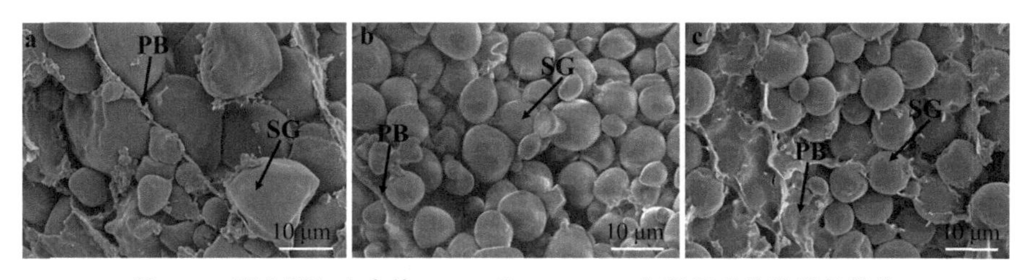


**图 3–1　野生型和突变体 *sh1-m* 和 *sh1-912A* 籽粒胚乳的淀粉粒结构**

注：a 为野生型（改－郑 58）；b 为突变体 *sh1-m*；c 为突变体 *sh1-912A*。SG 代表淀粉粒；PB 代表蛋白体。

## 3.2.2 *sh1-m* 基因的图位克隆

### 3.2.2.1 *sh1-m* 基因的初步定位

用实验室合成的 512 对 SSR 引物借助 BSA 集团分离分析法找到了 5 个与目标基因连锁的多态性分子标记 P1 ～ P5，位于 Bin 9.01/9.02 区。用这 5 个多态性标记对 B73 与 *sh1-m* 组配的 255 个隐性 $BC_1$ 个体进行基因型检测，发现分别有 39 个、10 个、12 个、20 个和 27 个交换单株。标记 P1 位于靠近端粒的一端，其他 4 个标记位于靠近着丝粒的一端，将目标基因定位在 P1 与 P2 之间的物理距离约为 8.3Mb 的片段内（图 3–2a）。

为了进一步定位 *sh1-m* 基因，新鉴定了 9 个多态性标记，其中 P6 ～ P11 和 P13 ～ P14 为 SSR 标记，P12 为 InDel 标记。用这 9 个标记对 P1 与 P2 之间的 49 个交换单株进行基因型检测，结果将 *sh1-m* 基因定位在物理距离约为 0.24Mb 的两标记 P12 与 P14 之间（图 3–2b、c）。

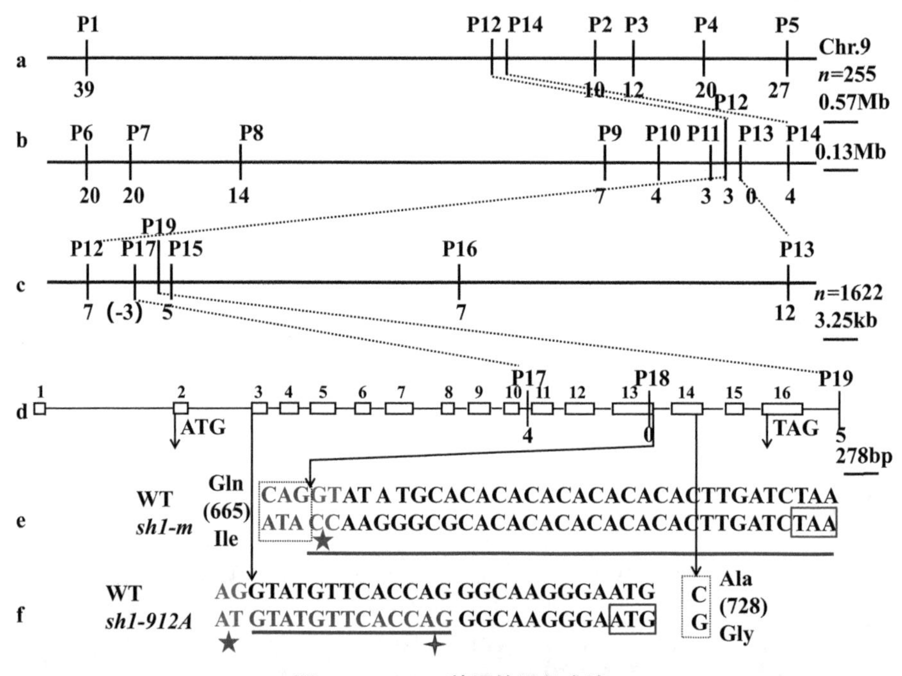


**图 3–2 *sh1-m* 基因的图位克隆**

注：a 为 *sh1-m* 基因被初步定位在 9 号染色体短臂上的两个标记 P1 和 P2 之间的 8.3Mb 的区段内；b 为 *sh1-m* 基因被进一步定位在两个标记 P12 和 P14 之间的 0.24Mb 区间内；c 为 *sh1-m* 基因被定位在 P12 和 P15 之间的 7.9kb 的片段内；d 为 *sh1-m* 基因最终被定位在位于基因 *GRMZM2G089713* 内的 P17 和 P19 之间的 2.1kb 区段内，白色方框及其上面的数字分别代表外显子及其顺序，黑色线段代表内含子；e 为突变体 *sh1-m* 中有 5 个碱基的替换，其中 3bp（圆点虚线方框）位于第 13 外显子的末端引起错义突变（谷氨酰胺 665 异亮氨酸），2bp（五角星号）位于第 13 内含子的 5′ 剪接位点，引起错误剪接，直线标注的序列代表靠近第 13 外显子的那部分 13 内含子序列，实线方框标注的是终止密码子，WT 指的是野生型 B73；f 为突变体 *sh1-912A* 中发生了单碱基的颠换（G/T），位于第 2 内含子 3′ 剪接位点，引起错误剪接导致位于第三外显子 5′ 端的 13bp 被错误剪接，五角星号和四角星号标注的分别是第 2 内含子 3′ 错误的剪接位点和新形成的剪接位点，直线标注的核苷酸序列代表的是被剪切的位于第 3 外显子 5′ 端的 13bp 序列，实线方框标注的是起始密码子，圆点虚线方框标注的发生在第 14 外显子的单碱基的颠换（C/G）引起错义突变（丙氨酸 728 甘氨酸）。

#### 3.2.2.2 *sh1-m* 基因的精细定位

为了精细定位 *sh1-m* 基因，新鉴定了 5 个多态性标记包括 1 个 SSR 标记 P16，3 个 InDel 标记 P15、P17、P19，1 个 SNP 标记 P18（表 3–3）。为了获得更多的交换单株，用两个标记 P12 和 P14 对 $BC_1$ 分离群体中的 1 622 个隐性突变个体进行基因型检测。随后用 P15 ～ P19 这 5 个标记对获得的交换单株进行基因型检测。最终将目标定位在物理距离为 2.1kb 的标记 P17 与 P19 之间（图 3–2d）。

**表 3–3　*sh1-m* 基因图位克隆用到的引物**

| BAC 号 | 引物 | 引物序列（5′–3′） | 引物类型 |
|---|---|---|---|
| AC203393.4 | P1[a] | F: TCATCTGGCAAAACCTAGCC | SSR |
| | | R: CTTGCCAACTTGAGGACATG | |
| AC187406.5 | P6[b] | F: AGAAGCTTGCCTTGCATTGC | SSR |
| | | R: ATGCTCCGACCAGTCCTACT | |
| AC213896.5 | P7[b] | F: GCCGGATGGATCATGGTCAT | SSR |
| | | R: CATAGTGTGCGATGCGATGC | |
| AC191039.4 | P8[b] | F: CCCTTTGTGGTACCTCTTTCCA | SSR |
| | | R: GCTGATTGCCTTTGTGGACA | |
| AC211017.4 | P9[b] | F: ATGCTGCCGTCGATGAGTTC | SSR |
| | | R: AAGAGGAATGCGGTGGTGAG | |
| AC210114.3 | P10[c] | F: GGTTGTTGGTATAAGTCATCCTG | SSR |
| | | R: GCTGTTTTGGTTCACGTTTTAC | |
| AC215188.4 | P11[c] | F: AATCATGGGACCCTCCGT | SSR |
| | | R: CAGTCCCGCTGAACGATT | |
| AC201756.6 | P12[c] | F: GTTTTCGTAGAGAACTCGCCACT | InDel |
| | | R: TATAAAAGTAAAAGGGAAACATGGG | |
| AC201756.6 | P17[c] | F: TAGTCGCCACTCTGCTCGC | InDel |
| | | R: GGAATGTGCTGGTGATGATGAA | |
| AC201756.6 | P18[c] | F: GGTTCATCTGCGCCGAG | SNP |
| | | R: TTCATCATCACCAGCACATTC | |
| AC201756.6 | P19[c] | F: CCTAGTATGGTGAGAATTGGCTG | InDel |
| | | R: TCGCCATCAGTCAGAACCAC | |

（续表）

| BAC 号 | 引物 | 引物序列（5′–3′） | 引物类型 |
|---|---|---|---|
| AC201756.6 | P15[c] | F: GTTTGTATTGGGCAGGAGTGTAT | InDel |
| | | R: CACATGCTCTCGTCTTTCTGTTA | |
| AC218955.5 | P16[b] | F: TCGATGGACGGAGGAGGAAT | SSR |
| | | R: CGAAGGCTTAGAGGGTCTGC | |
| AC218955.5 | P13[b] | F: AGAATGCAGCAAAGCCCGTA | SSR |
| | | R: CAACTATCCACGGAGCACCC | |
| AC211245.5 | P14[b] | F: CTGGACTCTGCGAGACGATC | SSR |
| | | R: TCGCCTCTTGTATCCGAGGA | |
| AC200101.6 | P2[a] | F: TGGGTGCTAAAACGTAACAACAAA | SSR |
| | | R: GAGGACGAAGCAGAAATCCTACC | |
| AC209668.5 | P3[a] | F: CTTCTTGATCCGGAAGGTCTTGT | SSR |
| | | R: GATCCGAGTGTCTCCTCCTCCT | |
| AC207265.5 | P4[a] | F: ATCATGACGTATCTTTCCGAGAGC | SSR |
| | | R: CGAGTTACCTTTGGCACTAGCACT | |
| AC205992.4 | P5[a] | F: GTACTGGTACAGGTCGTCGCTCTT | SSR |
| | | R: CATATCAGTCGTTCGTCCAGCTAA | |

注：F 和 R 分别代表上游和下游引物；a 表示这些引物来自 maizeGDB 数据库；b 表示这些引物引自报道的文献（Xu et al.，2013）；c 表示这些引物是笔者自己新开发的。

#### 3.2.2.3 候选基因分析

利用基因分析与预测软件（www.softberry.com）对这 2.1kb 进行基因预测，结合 maizeGDB 网站公布的注释基因，发现该片段位于基因 *GRMZM2G089713* 内，该基因由于转座子 *Ds* 插入导致的突变体 *sh-m5933* 和 *sh-m6233* 均表现籽粒胚乳皱缩（Chourey and Nelson，1976），推测该基因就是 *sh1-m* 的候选基因。野生型（B73 和 Gai–Z58）和突变体（*sh1-m* 和 *sh1-912A*）的基因组 DNA 序列通过使用多个引物进行分段扩增的方法获得（表 3–4）。基因编码区序列使用 PCR 引物（Sh1–Q1F：5′–CCCGTCTATTTATTGGTCCCTCT 和 Sh1–Q1R：5′–AATGCGAATTGCGGTGAAAC）从野生型（B73 和改 – 郑 58）和突变体（*sh1-m* 和 *sh1-912A*）叶片 cDNA 中扩增获得。上述扩增产物直接连接克隆载体，测序，然后用序列分析软件 DNAstar 进行序列比对。

**表 3–4　用于 *Sh1* 基因基因组测序的引物**

| 引物 | 引物序列（5′–3′） | 产物大小（bp） |
|---|---|---|
| Q7 | F: TGAACGTGGACCCCTACCAT | 1 663 |
| | R: GACAAACAATCTGTCAAATGACGTA | |
| Q8 | F: CTTGTGGGGTTCCTTTCATTTCG | 885 |
| | R: AAAGTGAGCACGGCACGCAAT | |
| Q9 | F: TAGTTGGGTTTATAGATTCCTCTGATC | 2 026 |
| | R: GTGCCCTTGTAGTTATGAGCCTT | |
| Q11 | F: GCGGAGTTTGATGCCCTGTT | 1 493 |
| | R: CAAACATACAATGAGGATCTTCGGA | |
| Q14 | F: GTCTCCAATCATCCCTGAGAAAGGC | 1 576 |
| | R: GGTAGAGCCCAGGAAGAGTGAACG | |
| Q15 | F: CAAATTCGACAGCCAGTACCACTTC | 1 560 |
| | R: CAGGCATCAAACGGCTTACCAG | |
| Q19 | F: GCTGATGACCCTGACCG | 1 652 |
| | R: TCTTTTACACGCAACAGTGAG | |
| Q21 | F: GAGACCCGCCGCTACATC | 513 |
| | R: TCGCCATCAGTCAGAACCAC | |

注：F 和 R 分别代表上游和下游引物。

序列分析发现突变体 *sh1-m* 中发生了 5bp（CAGGT/ATACC）的碱基替换，其中 CAG（ATA）位于第 13 外显子的 3′ 末端导致错义突变（Gln665Ile），GT（CC）位于第 13 内含子的 5′ 剪接位点导致错误剪切从而在 13 内含子发生翻译提前终止（图 3–2e）。突变体 *sh1-912A* 在第 2 内含子 3′ 剪接位点发生单碱基的颠换（G/T），引起第 3 外显子起始部位的 13bp 被错误剪切，导致起始密码子 ATG 向下移动至 118bp 处，另外在编码区 2 183bp 有一个单碱基的颠换（C/G）导致错义突变（Ala728Gly）（图 3–2f）。野生型 ORF 全长为 2 409bp，编码的蛋白质氨基酸长度为 802 个氨基酸，突变体 *sh1-m* 的 ORF 全长为 2 028bp，编码的蛋白质氨基酸长度为 675 个氨基酸，比野生型短了 127 个氨基酸，其中 84 个氨基酸位于 GT1_Sucrose_synthase 保守域（图 3–3、图 3–4）。突变体 *sh1-912A* 的 ORF 全长为 2 292bp，编码的蛋白质氨基酸长度为 763 个氨基酸，比野生型短了 39 个氨基酸，其错义突变（Ala728Gly）位于 GT1_Sucrose_synthase 保守域（图 3–3、图 3–4）。

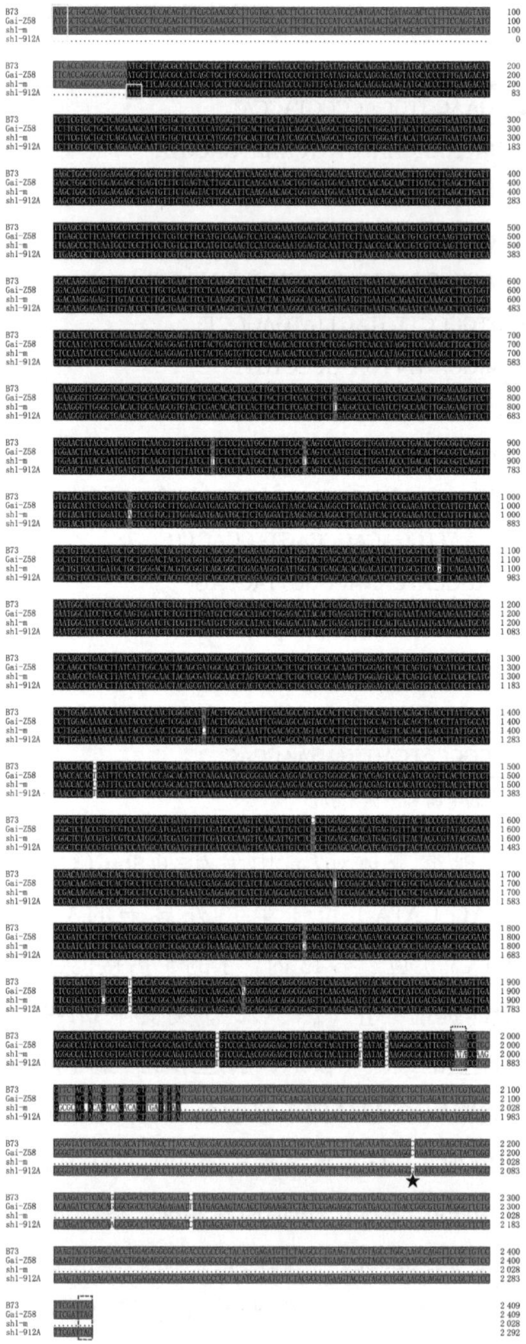

**图 3–3　*Sh1* 基因 ORFs 的序列分析**

注：实线方框和方点虚线方框标注的分别是起始密码子（ATG）和终止密码子（TAG/TAA）；圆点虚线方框标注的是发生在 *sh1-m* 编码区 1 993 ～ 1 995bp 的 3 个核苷酸的替换（CAG/ATA）；五角星标注的是发生在 *sh1-912A* 编码区 2 183bp 处的单碱基的颠换（C/G）。

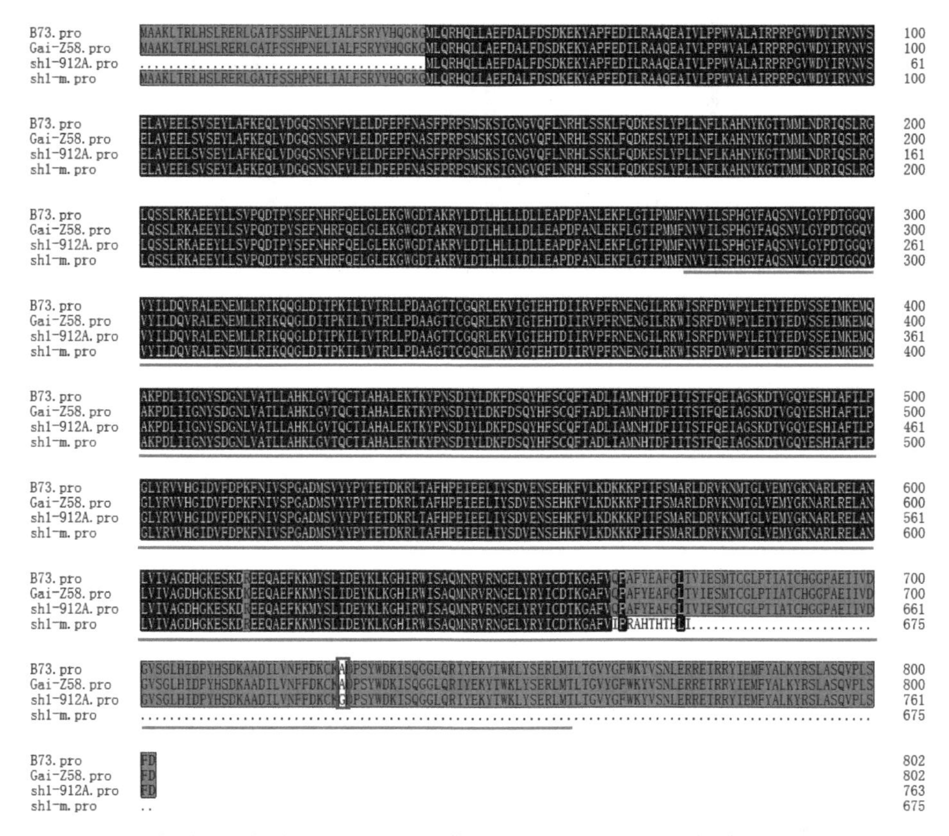

**图 3-4 野生型 B73 与改－郑 58 及突变体 *sh1-m* 与 *sh1-912A* 的氨基酸序列多重比对**

注：直线标注的是 GT1_Sucrose_synthase 保守域；方框标注的是发生在 *sh1-912A* 编码区的错义突变（Ala/Gly）。

### 3.2.3 等位性测验

为了验证 *sh1-m* 是 *Sh1* 的等位基因，将 *sh1-m* 与 *sh1-912A* 两个单隐性突变体双向杂交分别获得 $F_1$，通过观察发现突变体 *sh1-m* 和 *sh1-912A* 及其两种 $F_1$ 的种子在成熟期均自发地表现胚乳皱缩（图 3-5a ～ d）。这一结果证实 *sh1-m* 是 *Sh1* 基因座的等位基因。

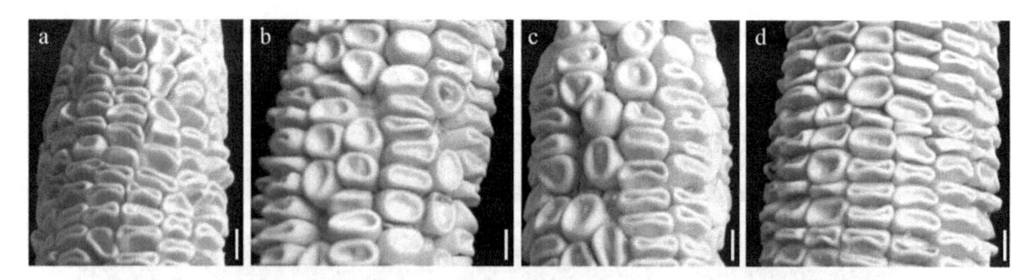


**图 3–5　突变体 *sh1-m* 和 *sh1-912A* 及它们双向杂交所得 $F_1$ 的籽粒表型**

注：a 为 *sh1-m*；b 为 *sh1-912A*；c 为 *sh1-m*×*sh1-912A*；d 为 *sh1-912A*×*sh1-m*。标尺为 0.74cm。

## 3.3 讨论与结论

玉米籽粒中淀粉的生物合成受一系列酶的调控，蔗糖合酶是第一个关键酶。蔗糖经蔗糖合酶催化后以磷酸葡萄糖的形式进入淀粉体中作为淀粉合成的碳源。本研究通过图位克隆的方法分离了编码蔗糖合酶的基因 *sh1-m*。有关 *sh1* 突变体的报道涉及转座子 *Ds* 和 *Mu* 的插入（Chourey and Nelson，1976；Anderson et al.，1991）、缺失（Dooner and Nelson，1977；Burr and Burr，1981）、EMS（Ethyl methane sulfonate）诱变（Chourey and Schwartz，1971）和自然突变（Chourey and Nelson，1976；Chourey，1981）。目前未见有关克隆由于 EMS 诱变和自然突变导致的 *sh1* 突变体的报道，其分子机理有待阐明。本研究发现突变体 *sh1-m* 和 *sh1-912A* 均由于剪接位点发生突变导致错误的剪切从而引起编码框异常，分别造成蛋白翻译提前终止和起始密码子移码至下游 118bp。丰富了 *sh1* 突变体的分子机理。*sh1-m* 突变体的直链淀粉含量比野生型改 – 郑 58 和突变体 *sh1-912A* 均显著提高，也为培育高直链淀粉玉米新品种提供基因资源。

# 4

# 玉米籽粒大小基因 *mn2* 的遗传分析及定位

## 4.1 材料与方法

### 4.1.1 试验材料

#### 4.1.1.1 植株材料

（1）*miniature2*（*mn2*）突变体。*mn2* 突变体，由河南农业大学董永彬博士赠送，*mn2-m2* 突变体由山东省农业科学院玉米研究所育种团队在育种材料中发现。

（2）遗传分析群体。用野生型玉米自交系 B73，郑 58 和齐 319 分别与突变体 *mn2* 组配 $F_1$，得到的 $F_1$ 分别自交或与突变体 *mn2* 回交获得 $F_2$ 和 $BC_1$ 群体，利用它们的 $F_1$、$F_2$ 和 $BC_1$ 群体对目标性状进行遗传分析。

（3）定位群体。B73 与 *mn2* 组配的 $BC_1$ 分离群体作为初步定位及精细定位的群体。

#### 4.1.1.2 常用的试剂与药品

见第 2 章。

### 4.1.2 试验方法

#### 4.1.2.1 胚乳扫描电镜观察

详见第 3 章。

#### 4.1.2.2 DNA 提取

详见第 2 章。

#### 4.1.2.3 引物设计、合成及分子标记开发

（1）引物设计、合成。基因定位所用SSR引物从公共数据库maizeGDB下载引物序列或引用前人发表文献公布的引物序列，送生工生物工程（上海）股份有限公司合成；扩增基因所用引物用软件Primer 5.0设计，序列送生工生物工程（上海）股份有限公司合成。

（2）分子标记的开发。

① SSR标记。参考maizeGDB中已公布的玉米B73的基因组序列，在NCBI网站上下载需要的BAC序列，利用SSRHunter软件对SSR位点进行搜索，在NCBI网站对得到的包含SSR位点的双侧翼大约150bp的序列进行拷贝性分析，单拷贝的序列利用软件Primer 5.0设计SSR分子标记。

② InDel/SNP标记的开发。设计引物扩增双亲单拷贝片段（500～1500bp），克隆测序后双亲序列存在插入或缺失差异的片段用于开发InDel标记，存在单碱基差异的片段用于开发SNP标记。

#### 4.1.2.4 PCR扩增

详见第2章。

#### 4.1.2.5 变性聚丙烯酰胺凝胶电泳

详见第2章。

#### 4.1.2.6 PCR产物的克隆与测序

详见第2章。

## 4.2 结果与分析

### 4.2.1 表型分析

#### 4.2.1.1 *mn2* 突变体表型分析

*mn2* 该突变体籽粒发育受阻，在授粉后15d突变体籽粒明显比野生型发育缓慢，成熟期突变体籽粒比野生型明显小，其胚也小（图4–1a至图4–1j）。胚乳扫描电镜发现，野生型B73的淀粉粒周围有较多的蛋白体包裹，外形呈现长柱形，表面较粗糙（图4–1k）。与野生型相比，突变体 *mn2* 的淀粉粒有较少的蛋白体包裹，外形呈圆球体，排列较松散，表面较光滑

（图 4-11）。此外，3 个遗传背景下成熟期突变体籽粒显著变小，其籽长、粒宽、粒厚和百粒重均比野生型显著降低（图 4-1b 和图 4-1m、n，表 4-1）。

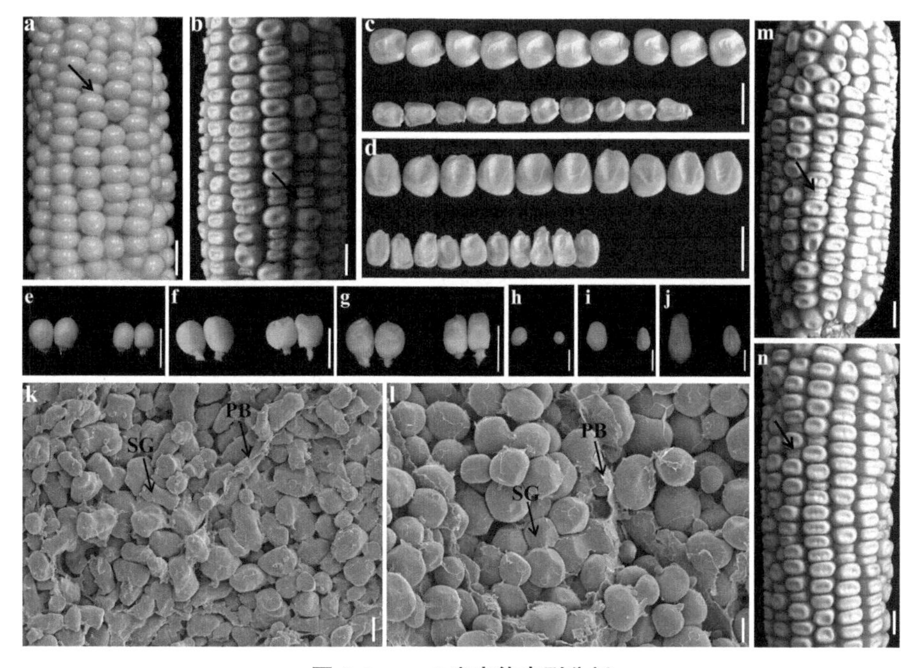


**图 4-1　*mn2* 突变体表型分析**

注：a 为 B73/*mn2* 自交授粉后 15d 的 $F_2$ 果穗；b 为 B73/*mn2* 自交成熟期的 $F_2$ 果穗；c 为 B73/*mn2* 自交成熟期的 $F_2$ 果穗上野生型与突变体籽粒的粒长分析；d 为 B73/*mn2* 自交成熟期的 $F_2$ 果穗上野生型与突变体籽粒的粒宽分析；e ～ g 为 B73/*mn2* 回交授粉后 15d、19d 和 28d 的 $BC_1$ 果穗上的野生型与突变体籽粒；h ～ j 为 B73/*mn2* 回交授粉后 15d、19d 和 28d 的 $BC_1$ 果穗上野生型与突变体籽粒的胚；k ～ l 为野生型 B73 和突变体 *mn2* 胚乳扫描电镜分析；m ～ n 为郑 58/*mn2* 和齐 319/*mn2* 自交成熟期的 $F_2$ 果穗。SG 代表淀粉粒；PB 代表蛋白体。

**表 4-1　*mn2* 突变体籽粒大小分析**

| 性状 | B73/*mn2* | | 郑 58/*mn2* | | 齐 319/*mn2* | |
|---|---|---|---|---|---|---|
| | WT | *mn2* | WT | *mn2* | WT | *mn2* |
| 粒长（mm） | 11.7±0.19 | 8.85±0.11** | 12.06±0.1 | 11.35±0.17** | 11.64±0.07 | 10.09±0.01** |
| 粒宽（mm） | 8.69±0.24 | 6.52±0.17** | 10.36±0.11 | 8.98±0.14** | 9.76±0.19 | 8.14±0.05** |
| 粒厚（mm） | 4.45±0.12 | 2.37±0.07** | 5.46±0.25 | 3.39±0.08** | 5.01±0.06 | 3.44±0.19** |
| 百粒重（g） | 28.32±0.34 | 7.61±0.16** | 45.65±0.52 | 22.38±2.26** | 41.35±0.31 | 21.1±0.49** |

注：** 代表显著性差异 $P \leqslant 0.01$。

#### 4.2.1.2 *mn2* 突变体遗传分析

对 *mn2* 突变体的遗传分析发现，该性状遗传稳定，利用玉米自交系 B73、郑 58 和齐 319 与 *mn2* 突变体杂交组配 $F_1$ 和 $F_2$ 群体，$F_1$ 籽粒均表现野生型，3 个 $F_2$ 分离群体中野生型与小籽粒突变体的籽粒个数比均接近 3∶1，这些结果表明该性状由一对隐性核基因控制（表 4–2）。

表 4–2　*mn2* 突变体遗传分析

| 组合 | $F_2$ 果穗 | $F_2$ 分离群体 | | 分离比 | $\chi^2$ |
|---|---|---|---|---|---|
| | | 野生型 | *mn2* | | |
| B73×*mn2* | 穗 –1 | 285 | 90 | 3.17 | 0.20 |
| | 穗 –2 | 259 | 83 | 3.12 | 0.10 |
| | 穗 –3 | 234 | 74 | 3.16 | 0.16 |
| 郑 58×*mn2* | 穗 –1 | 169 | 65 | 2.60 | 0.96 |
| | 穗 –2 | 202 | 67 | 3.01 | 0.01 |
| | 穗 –3 | 186 | 59 | 3.15 | 0.11 |
| 齐 319×*mn2* | 穗 –1 | 203 | 69 | 2.94 | 0.02 |
| | 穗 –2 | 195 | 58 | 3.36 | 0.58 |
| | 穗 –3 | 229 | 84 | 2.73 | 0.56 |

注：卡方值 $_{(0.05,\ 1)}$=3.84。

### 4.2.2 *mn2* 基因的图位克隆

#### 4.2.2.1 *mn2* 基因的初步定位

以 B73/*mn2* 组配的 $BC_1$ 分离群体中的 218 个 *mn2* 突变体植株为材料，利用 188 个 SSR 分子标记借助集团分离分析法找到 2 个与目标基因连锁的多态性分子标记 P1 和 P2（图 4–2a，表 4–3、表 4–4）。用 P1 和 P2 鉴定 218 个 *mn2* 突变体植株的基因型，发现分别有 7 个和 3 个交换单株。*mn2* 被定位于 7 号染色体短臂上两个分子标记 P1 与 P2 之间，其中 P1 位于靠近端粒的一端，P2 位于靠近着丝粒的一端。进一步筛选了位于 P1 与 P2 之间的 19 个分子标记，其中 7 个呈现多态性，分别命名为 P3 ～ P9（表 4–5）。利用位于 P1 与 P2 之间的 7 个新的多态性 SSR 标记鉴定 P1 与 P2 之间的 10

个交换单株的基因型，发现分别有 7 个、7 个、2 个、2 个、3 个、3 个和 3 个交换单株，进一步将 *mn2* 基因定位于 P5 与 P6 之间的 11.78Mb 之间。

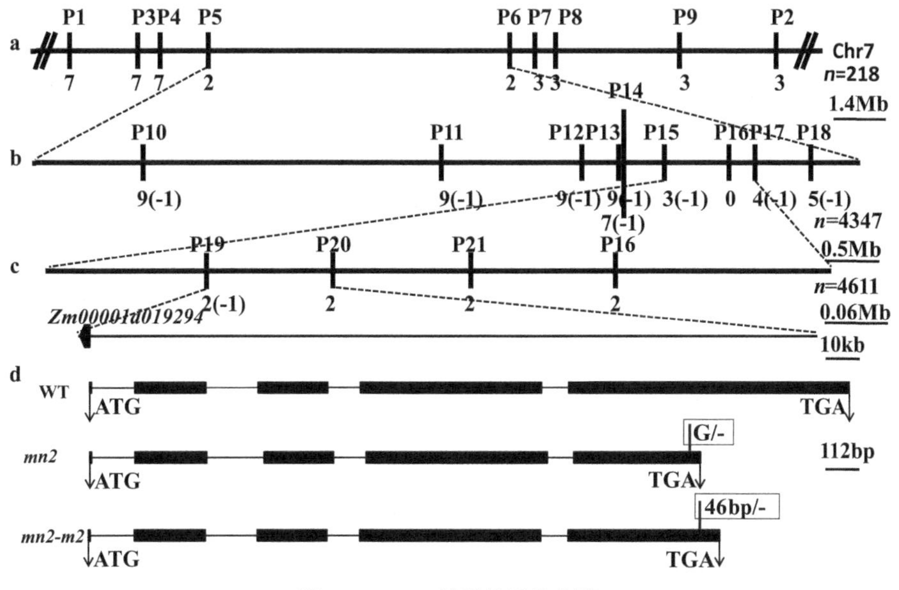


**图 4–2　*mn2* 基因的图位克隆**

注：a 为利用 B73/*mn2* 组配的 $BC_1$ 分离群体中的 218 个 *mn2* 突变体籽粒将 *mn2* 基因定位在 7 号染色体短臂上两个 SSR 标记 P5 与 P6 之间，水平线下面的数字代表的是对应标记检测到的重组个体数目，标尺代表的是物理距离；b 为利用 9 个新的多态性标记将 *mn2* 基因进一步定位在两标记 P15 与 P17 之间，水平线下面的数字代表的是对应标记检测到的重组个体数目，标尺代表的是物理距离；c 为利用 3 对新的多态性标记将 *mn2* 基因最终定位在 P19 与 P20 之间，水平线下面的数字代表的是对应标记检测到的重组个体数目，标尺代表的是物理距离；d 为候选区间内 maizeGDB 数据库有 1 个注释基因，两个方框分别表示发生在 *mn2* 第 5 外显子单碱基缺失（G/–）和发生在 *mn2-m2* 第 5 外显子 46bp 缺失（46bp/–）。

表 4-3　*mn2* 基因初定位用到的 188 对 SSR 标记

| 标记 | 重新命名[a] | 染色体 | 正向引物序列（5'–3'） | 反向引物序列（5'–3'） |
|---|---|---|---|---|
| bnlg1014 | | 1.01 | CACGCTGTTTCAGACAGGAA | CGCCTGTGATTGCACTACAC |
| umc1071 | | 1.01 | AGGAAGACACGAGAGACACCGTAG | GTGGTTGTCGAGTTCGTCGTATT |
| umc2226 | | 1.02 | TGCTGTGCAGTTCTTGCTTCTTAC | AGCTTCACGCTCTTCTAGACCAAA |
| bnlg1484 | | 1.03 | GTAAAAGACGACGACATTCCG | GACGTGCACTCCGTTTAACA |
| umc1479 | | 1.03 | CTGGCTCTTCAAGTGTAAAGGAGG | GGCCTTTTTCTTAGCTTCCTCATC |
| bnlg1866 | | 1.03 | CCCAGCGCATGTCAACTCT | CCCCGGTAATTCAGTGGATA |
| umc1917 | | 1.04 | ACTTCCACTTCACCAGCCTTTTC | GGAAAGAAGAGCCGCTTGGT |
| umc2228 | | 1.04 | GTGAGGTGAAAATGAAGCTGGAAC | ACCATACCTCTCTGAACATGAGCC |
| umc2025 | | 1.05 | CGCCGTAGTATTTGGTAGCAGAAG | TCTACCGCTCCTTCGTCCAGTA |
| bnlg1057 | | 1.06 | TTCACCGCCTCACATGAC | GCAACGCTAGCTAGCTTTG |
| umc1122 | | 1.06 | CACAACTCCATCAGAGGACAGAGA | CTGCTACGACATACGCAAGGC |
| bnlg1556 | | 1.07 | ACCGACCTAAGCTATGGGCT | CCGGTTATAAACACAGCCGT |
| umc1245 | | 1.07 | TGGTTATGTGCATGATTTTTCCTG | CATGCGTCTGATCTTCAGAATGTT |
| phi423298 | | 1.08 | GGGCTGCTACTTTGACAAGGAC | CCTCCATCATCCGCTGGTA |
| umc2240 | | 1.08 | CGCCTTTGTAACCCAGACTCATTA | CGGATGTTGCCAAGTACATCATATC |
| phi011 | | 1.09 | TGTTGCTCGGTCACCATACC | GCACACACACAGGACGACAGT |
| umc1774 | | 1.1 | ATGGGACTATGCATGGTATTTGG | TACACCATACGTCACCAGGTTCAC |
| umc1553 | | 1.11 | TGAATGGAAGAGAAGGGAAATCTG | GCTCTGTACATCCTTAGCGACACA |

（续表）

| 标记 | 重新命名[a] | 染色体 | 正向引物序列（5'–3'） | 反向引物序列（5'–3'） |
|---|---|---|---|---|
| phi064 | | 1.11 | CCGAATTGAAATAGCTGCGAGAACCT | ACAATGAACGGTGGTTATCAACACGC |
| umc1819 | | 1.12 | GCTGCTCTAAAATCATGCTGATAAAA | TATTCAGCAATGTATTCCCCCTGT |
| umc1605 | | 1.12 | GGAGAAGCACGCCTTCGTATAG | CCAGGAGAGAAATCAACAAAGCAT |
| phi402893 | | 2 | GCCAAGCTCAGGGTCAAG | CACGAGCGTTATTCGCTGT |
| umc2246 | | 2 | AGGCTCCAGCTCTAGGGGAGT | GTGAACTGTGTAGCGTGGAGTTGT |
| phi96100 | | 2.01 | AGGAGGACCCCAACTCCTG | TTGCACGAGCCATCGTAT |
| umc1165 | | 2.01 | TATCTTCAGACCCAAACATCGTCC | GTCGATTGATTTCCCGATGTTAAA |
| phi098 | | 2.02 | GAGATCACCGGCTAGTTAGAGGA | GTATGGTTGGGTACCCGTCTTTCTA |
| umc1261 | | 2.02 | AGAAGTGCGTATGCTACAGTGGTG | CCTAGTGGTGGAGTTCTAGGCAAA |
| umc1518 | | 2.02 | TAGCTCCTTTGCGCTATTCAGTCT | GGCAGTGTTTTCTTTTGAAGTGCT |
| umc1185 | | 2.03 | AGTAAAAGAGGCAAGGACTACGGC | GCGGCGATATATACGAGGTTGT |
| bnlg2248 | | 2.03 | CCACCACATCCGTTACATCA | ACTTTGACACCGGCGAATAC |
| umc1024 | | 2.04 | CCTTTTTCGCCTCGCTTTTTAT | TCGTCGTCTCCAATCATACGTG |
| bnlg1175 | | 2.04 | ACTTGCACGGTCTCGCTTAT | GCACTCCATCGCTATCTTCC |
| bnlg1909 | | 2.05 | CCTGACCCTGTTCCTGAAAA | GTGTGTCTGGAGCTGTTCGA |
| umc1003 | | 2.05 | AATAGATTGAATAAGACGTTGCCC | TGTTCCAATGCTTTTGTACCTCTA |
| umc1658 | | 2.06 | AGAGATGGGGTAGAAATAGACGGC | CTCTCTGCTTTCTCTTCTCTTGCG |
| nc003 | | 2.06 | ACCCTTGCCTTTACTGAAACACAACAGG | GCACACCGTGTGGCTGGTTC |

（续表）

| 标记 | 重新命名[a] | 染色体 | 正向引物序列（5'–3'） | 反向引物序列（5'–3'） |
|---|---|---|---|---|
| bnlg1633 | | 2.07 | GTACCTCCAGGTTTACGCCA | TCAACTTCTCATGCACCCAT |
| bnlg2077 | | 2.07 | GACCAGAGGATGGGGAAATT | GTAGGCACATGCACATGAGG |
| umc1526 | | 2.08 | TTTTACAAGCGTGAGAGCAAGAAA | AACTGTCTGGAACAAGAAACCGAG |
| bnlg1940 | | 2.08 | CCTTTTGTTTCAGGCCGTTA | CAGCAGCCTGATGATGAACA |
| bnlg1520 | | 2.09 | TCCTCTTGCTCTCCATGTCC | ACAGCTGCGTAGCTTCTTCC |
| umc1736 | | 2.09 | CCATCCACCACTAGAAAGAGAGGA | TTAATCGATCGAGAGGTGCTTTTC |
| phi101049 | | 2.1 | CCGGGAACTTGTTCATCG | CCACGTCCATGATCACACC |
| umc2105 | | 3 | ACATACATAGGCTCCCTTTTTCCG | TCCCGTGACACTCTCTTTCTCTCT |
| umc2255 | | 3.01 | GCTACGCTTAAGTATCACGGCAAC | CTGCTGAGGAGAAGTGATCCTGTT |
| umc1394 | | 3.01 | CCCGAGTCAGAAAAACATTCACTT | CCTAACCTGAAGAAGGGAGGTCAT |
| phi104127 | | 3.01 | CTTTGCTGCTGCTTCCTACG | AACCAGTGACGTACACAAAGCA |
| umc1458 | | 3.02 | CCAATAAACAAATCATCTCCCCCT | TGCTATGCTATGTACAGGGACAGG |
| umc1183 | | 3.02 | GCATGTACACAACACAACCTTTCA | ATGTCATTTTTGGCTTCTCGAAAT |
| bnlg1325 | | 3.03 | CTAAATGCGCAGCAGTAGCA | TGCTCTGCAACAACTTGAGG |
| bnlg1523 | | 3.03 | GAGCACAGCTAGGCAAAAGG | CTCGCACGCTCTCTCTTCTT |
| bnlg1904 | | 3.04 | AGGAGCATGCACTTGGTTCT | ACTCAACTGATGGCCGATCT |
| nc030 | | 3.04 | CCCCTTGTCTTTCTTCCTCC | CGATTAGATTGGGGTGCG |
| umc1655 | | 3.04 | ACGCAAGTACAAAATTACTGCGGA | ATTAACGGCATGCTTGTAGCCTAA |

（续表）

| 标记 | 重新命名[a] | 染色体 | 正向引物序列（5'–3'） | 反向引物序列（5'–3'） |
|---|---|---|---|---|
| umc1600 | | 3.05 | CATATTGATAGGCTAGGCAAATGGC | CAATACAAGTTTGGTCCCAAATAAGC |
| bnlg1505 | | 3.05 | GAAAGACAAGGCGAAGTTGG | GCTTCTGAACTGGATCGGAG |
| bnlg1798 | | 3.06 | AAGTTGGTGGTGCCAAGAAG | AAAAGGTCCACGTGAACAGG |
| umc2268 | | 3.06 | ATCTCCCCACAGATCTCGCC | CTTGAAGGACTCCTGCTTGATCTC |
| umc1399 | | 3.07 | GCTCTATGTTATTCTTCAATCGGGC | GGTCGGTCGGTACTCTGCTCTA |
| umc1844 | | 3.08 | GGCATGGGTCTCTCATAAAGTCAT | CGACGTATATGGCTGAGAACCCTA |
| bnlg1108 | | 3.08 | GGATTCCTTTATGACGGGGT | AGTAACAACCAAGGCATCGG |
| umc1320 | | 3.08 | TGCGAAATCTGTATACCATAGGCA | CTCTTTTAGCAGTGTGCCGAATTT |
| bnlg1257 | | 3.09 | CGGACGATCTTATGCAAACA | ACGGTCTGCGACAGGATATT |
| bnlg1496 | | 3.09 | CTGGGCAGACAGCAACAGTA | AGCCAAAGACATGATGGTCC |
| umc1136 | | 3.1 | CTCTCGTCTCATCACCTTTCCCT | CTGCATACAGACATCCAACCAAAG |
| phi072 | | 4 | ACCGTGCATGATTAATTTCTCCAGCCTT | GACAGCGCGCAAATGGATTGAACT |
| bnlg1370 | | 4 | TATTTAATTTAGTGTGGAGCTCACG | CGAGGGTCAGTTGTTGCTCT |
| umc1276 | | 4.01 | CTACCTTGTTCCTAGGGCCGTCTA | ACGCAATTATTACTGCCACACGTC |
| bnlg1318 | | 4.01 | TTATGTGTGCAGAACGACTCG | AGCATGGCAGAGAAGGTGAT |
| umc2150 | | 4.02 | GTTGTTCACTTTCCAAAACCCTTG | GCCTTGTGCTTCTTGGAGTGTT |
| umc1509 | | 4.02 | CTTTCTGCAGATTCACCGTTTCTT | TTGGTTCTTTTGACCATAGACAAGC |
| nc004 | | 4.03 | TGCGAAGAAGCAGTAGCAAA | TGGAGGTAGAAGACGCACG |

（续表）

| 标记 | 重新命名[a] | 染色体 | 正向引物序列（5'–3'） | 反向引物序列（5'–3'） |
| --- | --- | --- | --- | --- |
| umc1550 | | 4.03 | CGGGGTAATTGGGTACATAACCTC | GTGCCTCCAACGCCTAGTTTTT |
| umc1067 | | 4.04 | ACTTGTACTACGCAGGACAGTTCG | AGCCTCTGTCTGGATGACTGAAC |
| umc1652 | | 4.04 | GAGAGCAGTAGCACTGACCCTTTC | CACTCGACCTCGATCGGAAC |
| nc005 | | 4.05 | CCTCTACTCGCCAGTCGC | TTTGGTCAGATTTGAGCACG |
| bnlg1937 | | 4.05 | AATGCTCGGTCCACAGAATC | AACTGGAGCCAAAAGTGGTG |
| umc1299 | | 4.06 | CTTGGGTTCTTCTCTCCTATGGGT | CGCTACAAACAAGTGGCGTTTAAT |
| umc1869 | | 4.06 | CGAGCGCTCTAGACACGATTTT | GAACTGGAGGAGCGAGCATGTAT |
| bnlg1189 | | 4.07 | CGTTACCCATTCCTGCTACG | CTTGCTCGTTTCCATTCCAT |
| bnlg2162 | | 4.08 | GTCTGCTGCTAGTGGTGGTG | CACCGGCATTCGATATCTTT |
| umc1051 | | 4.08 | CTGATCTGACTAAGGCCATCAAAC | AATGATCGAAATGCCATTATTTGT |
| umc2287 | | 4.09 | CTAGCTAGTAACAGAGCATCGCGG | CTGAGGTGTAGGATCGAGCAAGT |
| umc1503 | | 4.09 | TTCATGACACACAAACCACAGATG | GCACCCTAGCAGACTACAACATCC |
| umc1699 | | 4.1 | CTTTTGCTCAAACACGGGAAATAC | AGGCATTGAGCGATATGTTTGTTT |
| umc1050 | | 4.11 | CGATACACATCCATCTTCAGGTAGC | GCCTTTGTACCAATACAAGCCAAG |
| bnlg1890 | | 4.11 | ACCGGAACAGACGAGCTCTA | GTCCTGCAAAGCAACCTAGC |
| umc1253 | | 5 | GAGGTAGGCGTCGTATGCTCTAAA | AACGTGACTTACAAGGTTGCGTTC |
| bnlg1006 | | 5 | GACCAGCGTGTTGATCCC | GGAGACCCCGACTCTCTCTC |
| phi024 | | 5.01 | ACTGTTCCACCAAACCAAGCCGAGA | AGTAGGGGTTGGGGATCTCCTCC |

（续表）

| 标记 | 重新命名[a] | 染色体 | 正向引物序列（5'–3'） | 反向引物序列（5'–3'） |
|---|---|---|---|---|
| umc1478 | | 5.01 | GAAGCTTCTCCTCTCGCGTCTC | CAGTCCCAGACCCTAGCTCAGTC |
| umc2115 | | 5.02 | CTGTCTGTCTACCCAACCCAACAG | GGGGATAGGCGTGTGTATGTACTG |
| umc2388 | | 5.02 | GTGAGGGACTGGAAGGAGGTGTA | CTTCCATCGCTTTCGCGTACT |
| umc1597 | | 5.03 | ACAACCGCTGCGTAAACGAAT | AGAGATTAGGCGAGCGAGGG |
| umc1274 | | 5.03 | TTGAGTCTGGTACTGCGTATGAGG | TAGCACTCCAACAGCAAGAGTTTG |
| phi109188 | | 5.03 | AAGCTCAGAAGCCGGAGC | GGTCATCAAGCTCTCTGATCG |
| umc2066 | | 5.04 | ACATGGGCCGATGACTAAGAATAG | CTGAGTACACACATGTCACACAGTTG |
| bnlg2323 | | 5.04 | ACCGTCTCAGCAAAATGGTC | CCGCCTTCACTATGGTCAAT |
| umc2303 | | 5.05 | AGAAGAAGGTGGAGGTCCAAGACT | CTGGTATCTGATCAGGGTGCG |
| umc1155 | | 5.05 | TCTTTTATTGTGCCCGTTGAGATT | CCTGAGGGTGATTTGTCTGTCTCT |
| umc1019 | | 5.06 | CCAGCCATGTCTTCTCGTTCTT | AAACAAAGCACCATCAATTCGG |
| mmc0481 | | 5.06 | GCACCTGCGAGACTAGG | TGTTTGAGCCGTTCTAGACT |
| phi058 | | 5.07 | AGGTGCTGGACACAGACTTCAAC | ACTGAGATCCAGGCTCCTCTTC |
| bnlg1118 | | 5.07 | CAGAGTTGATGAACTGAAAAAGG | CTCTTGCTTCCCCCCTAATC |
| umc1792 | | 5.08 | CATGGGACAGCAAGAGACACAG | ACCTTCATCACCTGCAACTACGAC |
| umc2143 | | 5.08 | ACACACAACAGAGCCTTTTGTTCA | AAGAAAAGGACACCAAACCAAACA |
| umc2307 | | 5.09 | GTCGACATCGTCTTCCCCAAG | GTAGGAAGCCACGTACGGCTC |
| umc1153 | | 5.09 | CAGCATCTATAGCTTGCTTGCATT | TGGGTTTTGTTTGTTTGTTTGTTG |

（续表）

| 标记 | 重新命名[a] | 染色体 | 正向引物序列（5'–3'） | 反向引物序列（5'–3'） |
|---|---|---|---|---|
| umc1002 | | 6 | AGCTAGCTATACACCGCCAGG | TCAGTTTGGAACAGGGAAAAGTA |
| bnlg1600 | | 6 | CGATCAGTGCGTGGAGAGTA | TAGGCATGCATTGTCCATTG |
| bnlg1538 | | 6.01 | CAGCCGAAGACGAAGCC | GTGGTGAACGAACGAGCAA |
| umc1186 | | 6.01 | TCAAGAACATAATAGGAGGCCCAC | AGCCAGCTTGATCTTTAGCATTTG |
| umc1083 | | 6.02 | CTTTCCTCTCTGGAGCGTGTATTG | ATATGTTGCAGAACCATCCAGGTC |
| bnlg2191 | | 6.02 | CACACAATCCCCACAAAAAA | CGAAACATCCAGGAAACTGC |
| umc1887 | | 6.03 | CTTGCCATTTTAATTTGGACGTTT | CGAAGTTGCCCAAATAGCTACAGT |
| umc1857 | | 6.04 | TTCCTTGCCAACAAATACAAGGAT | GTTCATTGCTTCATCTTGGAACCT |
| phi031 | | 6.04 | GCAACAGGTTACATGAGCTGACGA | CCAGCGTGCTGTTCCAGTAGTT |
| bnlg1617 | | 6.05 | CGTGCACGGTACAGAAAGAA | AGAAAGCCACGTACCCCTTT |
| umc1379 | | 6.05 | AAGTCGTAGTCAGCGAGGGCTT | GAACCACAGCTATGCTCGCC |
| phi025 | | 6.05 | GCAACATCCTGGAGAGCCACTACAAGG | ACAGCCTGTTTTCCTGGACAGTGAACTC |
| umc1762 | | 6.06 | CTTACTCCAGGCACTCCATACCAT | ATCCAGGTGAATGGTGTTTACGAT |
| umc1520 | | 6.06 | AGCAAATATATGAGCAATTAAGAACAGG | GTGTCGCCACCTATAATTTGATGA |
| phi299852 | | 6.07 | GATGTGGGTGCTACGAGCC | AGATCTCGGAGCTCGGCTA |
| umc2165 | | 6.07 | AGAACACCAAATGGTGACGTTATGT | CTAGCTCGTCTTCCCTGTGGTCT |
| phi089 | | 6.08 | GAATTGGGAACCAGACCACCCAA | ATTTCCATGGACCATGCCTCGTG |
| umc2324 | | 6.08 | GATCCTCTGTCGCCAAACACTAAG | AGATGGTGACGATGAGTGATGAAC |

（续表）

| 标记 | 重新命名[a] | 染色体 | 正向引物序列（5'–3'） | 反向引物序列（5'–3'） |
|---|---|---|---|---|
| umc1545 | | 7 | GAAAACTGCATCAACAACAAGCTG | ATTGGTTGGTTCTTGCTTCCATTA |
| mmc0171 | | 7 | AATCCTACTTGCTGCCAAAGC | CTTTGAGCTTTTTGTGTGGAC |
| umc2364 | | 7.01 | AACCTCAAGATCACCAACATCCTC | CACCCTGCTGTCAGATGGATACTT |
| umc1066 | P1 | 7.01 | ATGGAGCACGTCATCTCAATGG | AGCAGCAGCAACGTCTATGACACT |
| bnlg1094 | P2 | 7.02 | GTGAAGAACGATGACGCAGA | CAGCAACGCTCTCACATTGT |
| umc1433 | | 7.02 | TTGTCAGACAGAACCCACACATTT | TTTTTGGCTTCTTTTGTTGTGGAT |
| bnlg1805 | | 7.03 | GCCCGTTTGCTAAGAGAATG | TGTTCGAGCATTTGCTCTTG |
| phi114 | | 7.03 | CCGAGACCGTCAAGACCATCAA | AGCTCCAAACGATTCTGAACTCGC |
| bnlg1666 | | 7.04 | GCTGGTAGCTTTCAGATGGC | TGTCCCTCCTCCAGTTTCAC |
| phi328175 | | 7.04 | GGGAAGTGCTCCTTGCAG | CGGTAGGTGAACGCGGTA |
| umc2222 | | 7.05 | CCAACAACCTTGCTACCATAGTCC | TACATGGTCCTGTGACAAACTTGC |
| umc2197 | | 7.05 | CGACCTCTTTGCTGTCTCATTTTT | CAAGCAATTTCCCCATCTCATACT |
| phi045 | | 7.05 | CTACTACATGCGATCACGGACCAT | AACCAGTTCCAGTCTCCACTGAGT |
| umc1139 | | 8.01 | TTTGTAATATGGCGCTCGAAAACT | GAAGACGCCTCCAAGATGGATAC |
| umc1075 | | 8.01 | GAGAGATGACAGACACATCCTTGG | ACATTTATGATACCGGGAGTTGGA |
| bnlg1194 | | 8.02 | GCGTTATTAAGGCAAGCTGC | ACGTGAAGCAGAGGATCCAT |
| umc1034 | | 8.02 | GTGTTTCCGTTTCGCTGATTTTAC | TCATCCATGTGACAGAGACGACTT |
| umc1904 | | 8.03 | CAGCCACTCGTTTATGGAGGTTTA | TGTTACTAGTCGATCTGATGCCCA |

（续表）

| 标记 | 重新命名[a] | 染色体 | 正向引物序列（5'–3'） | 反向引物序列（5'–3'） |
| --- | --- | --- | --- | --- |
| bnlg1863 | | 8.03 | GGCGTTCGTTTTGCACTAAT | CGACACAGTTGACATCAGGG |
| umc1858 | | 8.04 | GTTGTTCTCCTTGCTGACCAGTTT | ATCAGCAAATTAAAGCAAAGGCAG |
| bnlg2046 | | 8.04 | TTGGTGAAACGGTGAAATGA | CTGGTGAGCTTCACCCTCTC |
| umc1562 | | 8.05 | CAAAGCAGTACAATATGACCCCAG | CGTACGTCCCATAAAGATGAGAAA |
| bnlg1812 | | 8.05 | CGAGAAGACTTGCGTGAACA | TTACGTGCGTCGTCAGAATC |
| umc1149 | | 8.06 | TACAGTAGGGATTCTTGCAGCCTC | GTGGGACCTTGTTGCTTCCTTT |
| umc2395 | | 8.06 | ATCACATCTTGCGTTGTCATTTTG | ATGGATTCTTTCCGGCCTCTC |
| bnlg1823 | | 8.07 | TGTGACTCCATACCGCACAT | CTCATCATGTTGTACATGGCG |
| umc1268 | | 8.07 | ACGAACAACCTAGCACAGTCCTAAA | CAAGGCGGTTACCAAGTTTACATC |
| umc2218 | | 8.08 | CACGGTGCTGTACACAACTAAAGG | TATCCTCGGAAGCGAACGAA |
| bnlg1056 | | 8.08 | ATCGTTGTTGGGTACACGGT | ACGGGTAGTGGTGAAGATGC |
| phi233376 | | 8.09 | CCGGCAGTCGATTACTCC | CGAGACCAAGAGAACCCTCA |
| umc1279 | | 9 | GATGAGCTTGACGACGCCTG | CAATCCAATCCGTTGCAGGTC |
| umc1867 | | 9.01 | TGGTCTTCTTCGCCGCATTAT | ATAAGCTCGTTGATCTCCTCCTCC |
| phi028 | | 9.01 | TCTCGCTGTCCTTCGATTAGTACGG | AATGCAGGCGATGGTTCTCCGGCCT |
| phi017 | | 9.02 | CGTTGGCGACCAGGGTGCGTTGGAT | TGCAACAGCCATTCGATCATCAAAC |
| bnlg1372 | | 9.02 | AGCGGTGCTCAAATAGGAG | CGCCGGCTTCCCTCAC |
| umc1191 | | 9.03 | AAGTCATTGCCCAAAGTGTTGC | ACTCATCACCCCTCCAGAGTGTC |

（续表）

| 标记 | 重新命名[a] | 染色体 | 正向引物序列（5'–3'） | 反向引物序列（5'–3'） |
|---|---|---|---|---|
| umc1688 | | 9.03 | AGCAGTAGCCGCAAGCAGAG | ATCTGGAGCTGCGTGCTGTC |
| umc1571 | | 9.04 | CACCGAGGAGCACGACAGTATTAT | GCACTTCATAACCTCTCTGCAGGT |
| bnlg1012 | | 9.04 | GAGTGAGCGTGCGGAGTC | AACAGGCCAAACTCCTCCTC |
| umc1657 | | 9.05 | ATGGATGAATATGATCCCACGG | GATCCGCACGTAGCTTTTCG |
| umc1231 | | 9.05 | CTGTAGGGCTGAGAAAAGAGAGGG | CGACAACTTAGGAGAACCATGGAG |
| umc2345 | | 9.06 | AAAAAGAGCAGCGGAACGTG | GTCGTGCTGGCTACTCTGCTG |
| umc1366 | | 9.06 | GTCACTCGTCCGCATCGTCT | CCTAACTCTGCAAAGACTGCATGA |
| umc1804 | | 9.07 | GCGGCGAGGTTAAAGGAAAA | GGTGTTTAGACACGCAGACACAAC |
| umc2099 | | 9.07 | AGGTCATCAAGATGCAGAGGGAG | TCAAGGTACGAAGCCTGACGAC |
| umc1277 | | 9.07 | TTTGAGAACGGAAGCAAGTACTCC | ACCAACCAACCACTCCCTTTTTAG |
| umc1505 | | 9.08 | TTACACAGAAGCCCATTTGAAGGT | GGATGGTTGTTGGTGGTGTAGAAT |
| phi041 | | 10 | TTGGCTCCCAGCGCCGCAAA | GATCCAGAGCGATTTGACGGCA |
| umc1318 | | 10.01 | ACTTCGTCTAGTGTCCCTCCGTT | TGCCAGATTAAAAGCAACACAAGA |
| umc2053 | | 10.01 | ATCTCTCCCTCGCTCTCCTTCTC | AGCAGCAGGTTGGTCGAATG |
| umc1152 | | 10.02 | CCGAAGATAACCAAACAATAATAGTAGG | ACTGTACGCCTCCCCTTCTC |
| phi059 | | 10.02 | AAGCTAATTAAGGCCGGTCATCCC | TCCGTGTACTCGGCGGACTC |
| umc2069 | | 10.02 | ACAACCTCCTCCACGACCAAAC | GTAGAGGTCCCACTTGTTCCCAAT |
| bnlg1655 | | 10.03 | ATTAAAATCTTGCTGATGGCG | TTCTGTTCCCGCCTGTACTT |

（续表）

| 标记 | 重新命名[a] | 染色体 | 正向引物序列（5'–3'） | 反向引物序列（5'–3'） |
|---|---|---|---|---|
| phi062 | | 10.04 | CCAACCCGCTAGGCTACTTCAA | ATGCCATGCGTTCGCTCTGTATC |
| bnlg2336 | | 10.04 | GGTAGGGGAAAAAACATGCA | TGATAAAGTTCTCTATTTGTCTGCC |
| bnlg1250 | | 10.05 | CCATATATTGCCGTGGAAGG | TTCTTCATGCACACAGTTGC |
| umc1506 | | 10.05 | AAAAGAAACATGTTCAGTCGAGCG | ATAAAGGTTGGCAAAACGTAGCCT |
| bnlg1028 | | 10.06 | AGGAAACGAACACAGCAGCT | TGCATAGACAAAACCGACGT |
| umc1061 | | 10.06 | AGCAGGAGTACCCATGAAAGTCC | TATCACAGCACGAAGCGATAGATG |
| umc1196 | | 10.07 | CGTGCTACTACTGCTACAAAGCGA | AGTCGTTCGTGTCTTCCGAAACT |
| bnlg1185 | | 10.07 | CGGTCCAGGCAGGTTAATTA | GACTCGAGGACACCGATTTC |

注：a 为 *mn2* 基因定位时标记重新命名。

**表 4-4 *mn2* 基因图位克隆用到的分子标记**

| 标记 | 标记重新命名[a] | 引物序列（5′-3′） | 物理位置（bp） |
|---|---|---|---|
| umc1066[b] | P1 | F:AGCAGCAGCAACGTCTATGACACT<br>R: ATGGAGCACGTCATCTCAATGG | 11 075 651 ～ 11 075 794 |
| 992[c] | P3 | F: CGGGACCTGATTGCTCGTAG<br>R: TCGCTCCTCTAGGCTCTCTC | 13 824 683 ～ 13 824 892 |
| 1029[c] | P4 | F: CAATCAAACGCCGTGATCCC<br>R: AGCATTTTGACCTCTTGCGA | 14 732 666 ～ 14 732 818 |
| 1153[c] | P5 | F: CCTGGCTTGTACTCAAATCTGC<br>R: CTGGCATAACTTGTCGGGGT | 16 823 929 ～ 16 824 123 |
| 1232[c] | P10 | F: GCTTGGCTGGAGCACTTTTT<br>R: ACCCTTTTCATGTCCATGTTGC | 18 422 707 ～ 18 422 923 |
| 1426[c] | P11 | F: CATGCTGCTGCTCAGGGAC<br>R: CCATGGCAGTCCTTACCCTG | 22 698 588 ～ 22 698 803 |
| 1525[c] | P12 | F: TGAAGCCTCAACGCAGACAT<br>R: CGCAGCCCTATCTTCGTCAT | 24 741 196 ～ 24 741 361 |
| 1538[c] | P13 | F: GTGCTCGATCGCCTCTGTAA<br>R: AAAGCTTGGTGGAGAGACCG | 25 228 666 ～ 25 228 891 |
| 1540[c] | P14 | F:CGCGTACGAAAATGCACACT<br>R:TGCCCATATACTCCACGGGA | 25 302 228 ～ 25 302 391 |
| 1557[c] | P15 | F: AATGACCCACGATCGTACCG<br>R:AGAGTCCATTAGCATCCCTACCT | 25 936 995 ～ 25 937 168 |
| 23[d] | P19 | F: CGAGAGAAAGGGCTGCG<br>R: CATATGGAATGGTATTAAGCACG | 26 216 888 ～ 26 217 144 |
| 45[d] | P20 | F: GCAGGATGGCAATTTAGTG<br>R: TATTTTCGTGGTGTTTATGTTC | 26 426 585 ～ 26 426 786 |
| 57[d] | P21 | F: CCACGCAGTAGGGCTTCATA<br>R: AATTTCGGCAGAGGGTTCTC | 26 659 258 ～ 26 659 473 |
| 1575[c] | P16 | F:CTAGGTTTGTTCGCGGCAAG<br>R: CATGCATGTCCCCCTCTTGT | 26 903 541 ～ 26 903 724 |
| 1607[c] | P17 | F: GCACAACCTGATTCTCCCCA<br>R: ATAGGACGAGCCGACCAAAC | 27 273 852 ～ 27 274 065 |

（续表）

| 标记 | 标记重新命名[a] | 引物序列（5′–3′） | 物理位置（bp） |
|---|---|---|---|
| 1648[c] | P18 | F: TATGTTGTACGGGTGCTGCT | 27 946 097 ～ 27 946 285 |
| | | R: CGGTCCGGACTCTTCTCTTT | |
| 1677[c] | P6 | F: ACAGGCGACTAAACCTTCGG | 28 606 159 ～ 28 606 349 |
| | | R: TGTGAAGTCACCTTGGGCTG | |
| 1717[c] | P7 | F: GAGCACACACCTGCCAAAAT | 29 510 995 ～ 29 511 207 |
| | | R: CCACCAGTAGTCCTGCTGTG | |
| 1746[c] | P8 | F: TTCACCCGGACGGTTAGTTG | 30 362 128 ～ 30 362 260 |
| | | R: ACCACGCAGTTCTCCTAGTT | |
| 1933[c] | P9 | F: CGTTAGATATGATGCCAGCAAGT | 35 260 523 ～ 35 260 732 |
| | | R: ACCCATGAGTGTTTCGACGT | |
| bnlg1094[b] | P2 | F: CAGCAACGCTCTCACATTGT | 39 161 032 ～ 39 161 208 |
| | | R: GTGAAGAACGATGACGCAGA | |

注：F 和 R 分别代表正向和反向引物；a 为 *mn2* 基因图位克隆时用到的标记命名；b 为这些标记来自 188 个从 maizeGDB 数据库下载的 SSR 引物；c 表示标记来自从前人文献下载的 81 对 SSR 引物（Xu et al.，2013）；d 表示标记来自开展本研究时新开发的 SSR 标记。

**表 4–5　*mn2* 基因定位时筛选前人文献中的 SSR 标记**

| | 标记[a] | 重新命名[b] | 正向引物序列（5′–3′） | 反向引物序列（5′–3′） |
|---|---|---|---|---|
| P1 与 P2 间的 19 对分子标记 | 901 | | CGTAGTAGGGCTTGGGCAAG | TTTCTCGGAGACAGGCCATG |
| | 927 | | TGCCACCCACATTGACTCTC | TTGCGGCAGAGATAGCAACA |
| | 972 | | GCCAGTGAATTGGTTTCCGC | CGCTAGCGCCTGTAGAGAAT |
| | 992 | P3 | CGGGACCTGATTGCTCGTAG | TCGCTCCTCTAGGCTCTCTC |
| | 1029 | P4 | CAATCAAACGCCGTGATCCC | AGCATTTTGACCTCTTGCGA |
| | 1067 | | TCGCCTACTTGCCTGTTCAG | CGCAGCGGTTGTAGTCTGTA |
| | 1125 | | ATGGGTCGCTTAGGGAGACT | TCGCTTTGCCTTGTTGGTTG |
| | 1153 | P5 | CCTGGCTTGTACTCAAATCTGC | CTGGCATAACTTGTCGGGGT |
| | 1194 | | TAGTTGGGCGAGCAACACAT | TGTGTTGGCACCTTCCAAGT |
| | 1661 | | CGCACACCCAAACCTGAAAG | GCACGGGTACTCACCTAGTG |
| | 1677 | P6 | ACAGGCGACTAAACCTTCGG | TGTGAAGTCACCTTGGGCTG |
| | 1690 | | CCTCGTCGTGTTGGCCTAAA | GGTGCTCTGATGAATTGGTGC |

（续表）

| | 标记[a] | 重新命名[b] | 正向引物序列（5′–3′） | 反向引物序列（5′–3′） |
|---|---|---|---|---|
| P1 与 P2 间的 19 对分子标记 | 1717 | P7 | GAGCACACACCTGCCAAAAT | CCACCAGTAGTCCTGCTGTG |
| | 1746 | P8 | TTCACCCGGACGGTTAGTTG | ACCACGCAGTTCTCCTAGTT |
| | 1790 | | CGGCCGAGAGTCTGATTTGA | TCGAAACCCACTCCGACAAC |
| | 1835 | | TGCCAGCTGATGAACGTCTT | GAACGTCATGCATGCACACA |
| | 1870 | | TCTTTCTAGGGTTGGCCGAAG | CACCGTGCCATCTCTGTGAT |
| | 1906 | | ATCAAGACCATGGCCCAAGG | CCAAGAGATCGAGCGGTACC |
| | 1933 | P9 | CGTTAGATATGATGCCAGCAAGT | ACCCATGAGTGTTTCGACGT |
| P5 与 P6 间的 62 对 SSR 标记 | 1232 | P10 | GCTTGGCTGGAGCACTTTTT | ACCCTTTTCATGTCCATGTTGC |
| | 1253 | | CCGCATACACAGGGCTCTAG | CCTCGTGGAGTTGCTTCACT |
| | 1294 | | GTGGAGACGCAACTCACAGA | TCGTCTTCCTTCCACCTTGC |
| | 1337 | | TTGTCTTGGCCCTGACGAAA | CAGATGACTCTGCACCTCAAGA |
| | 1370 | | CGCCCAAGATGAGATGTGCT | GTCAATGCCTCTGGACCTTGA |
| | 1408 | | GGCTAACATGTAGTGCGGGT | AAGGAAACTGTCGGAGTCGC |
| | 1426 | P11 | CATGCTGCTGCTCAGGGAC | CCATGGCAGTCCTTACCCTG |
| | 1444 | | GCGTGTTGCGAGAAATTGGT | CACCACTCCTGTTCACAGCA |
| | 1461 | | TTTGTGAAGCCGAAGCCTCA | AGCCAGAGGTGCAACTTCAA |
| | 1472 | | GGAGGCTTCGAAGGACATGT | TCCCTTGGACGTACCCTCTC |
| | 1525 | P12 | TGAAGCCTCAACGCAGACAT | CGCAGCCCTATCTTCGTCAT |
| | 1538 | P13 | GTGCTCGATCGCCTCTGTAA | AAAGCTTGGTGGAGAGACCG |
| | 1540 | P14 | CGCGTACGAAAATGCACACT | TGCCCATATACTCCACGGGA |
| | 1549 | | AGTGAATTGGCATCAGCAGA | AAATTCATTCCCTCGCGGCT |
| | 1551 | | CACATGGGGTCAAATAGGCCT | CACCGGTTGGAGTCGATCAA |
| | 1554 | | CTCTCGGACTCGTTAACCGG | TTCCCGCCGTCCCAAAAATA |
| | 1556 | | TGGGACATAATAGGTGAGAGCAC | AAGTGTTACTTGGCCGAACC |
| | 1557 | P15 | AATGACCCACGATCGTACCG | AGAGTCCATTAGCATCCCTACCT |
| | 1559 | | CGTCTTTGGCTCCTTCAGGA | AGGGGTCGCTTTGAGCTTTT |
| | 1560 | | TGCTTTCCACCCTTGTTCACA | TCATCAAGCAAGTGAAAGGGC |
| | 1562 | | CCCTCCTGCGGATTTACACA | CTCCTCGTCGTCGATCTGTG |
| | 1563 | | GTAGAAGACGAGGGACTGCG | ACGTGTTCCTCGACAAGTCC |

（续表）

| | 标记[a] | 重新命名[b] | 正向引物序列（5′–3′） | 反向引物序列（5′–3′） |
|---|---|---|---|---|
| P5与P6间的62对SSR标记 | 1567 | | TGGCAATTACTGTGCTAACGC | TCCTTCCCCCAGGATCTGAC |
| | 1570 | | GCATGTGGAAAAACAAAAAGGACA | TGTTGTCATCAATCATCTCGAAAA |
| | 1571 | | TACCCATCAGGCCTTTGCAG | GTGCCGAGTGCCACATAGTA |
| | 1572 | | GCTACCAGTTGCCTCTTGGA | ATGCGGTGCAGGTTTGAATC |
| | 1573 | | CGCGAGCACGGCTAGTATAT | ATCCGCGTGTCACACTCTTT |
| | 1574 | | TCACTGTGTCTCGTGTCTCT | AGAAGGGGAGCAATCTTGTACA |
| | 1575 | P16 | CTAGGTTTGTTCGCGGCAAG | CATGCATGTCCCCCTCTTGT |
| | 1576 | | GGGTCCAATCCTCCTCCCTT | GAAGTTGGAAGAACGATGCGA |
| | 1577 | | GGATAACCACCGCGTCATCT | GTGCTTGCTCTAGGTTGTTCC |
| | 1578 | | GCACAGGGAGAGACGAGAGA | TGTAGAGGATGTTTGAGGTGTCT |
| | 1579 | | TGCTTGGATCTTTCGGTCGT | GCAAGAACACCATAGCCCCT |
| | 1580 | | TGGAGAAGGAGACGTCGACA | CCACTACTAAAATATCGAACCCAGA |
| | 1582 | | AGGGTTGTTGGAAGGATGCC | GCGATTTTCGTGGCTTTCGA |
| | 1583 | | CTCCTTCCACCTTTGCCGAT | GAGGTGCGAACAGAGCAGTA |
| | 1584 | | CAGGCCTTTCAGCGGTCTAA | ACGGAGTAGGAGACAAAAAGCA |
| | 1585 | | CACCTATCGGAAGCCCAAGG | GCTTCTGCAACAGTAGCTGC |
| | 1586 | | TGGGGATCAGCACCTGTACT | CCACATGCACTTACTCTCCCA |
| | 1587 | | ACAAGGAGATCACGGGAGGA | GTGGCGGGCCTAGAGTTTAG |
| | 1588 | | GATGGCAGTGTCTAAGGGGG | ACCCATCCCGTTTTCATCCC |
| | 1589 | | ATGCATCAGACTAGCCGCAG | GTGGATCCACAGCACAGTGT |
| | 1590 | | GGATAGCAATGCCCGGTGT | TGGCAGCGTCATGGTAACTT |
| | 1591 | | ACCCTTGCAGGTCCGTATAC | CGAACGGGAGTACAACGACA |
| | 1592 | | AAGAGAAGGGCTGAAGGGGA | CGACAAGTCACCAAGATGGGT |
| | 1594 | | CTGCTCAGTTCGGTGTGCTA | GCATCGCTGTCACCTTCTCT |
| | 1595 | | CTGCCGTCACCTACACCG | TGACGACTCAGACGACTCCA |
| | 1596 | | GTCAACCAGTAAAGCGTGCG | TGGCTGTGACTTCCCCTACT |
| | 1599 | | TCGCGTGTAAGCCGAGATAC | CGGCTTGGGTGCATTCTCTA |
| | 1600 | | CCAGGTGCATTTTAGTGCCG | ACAACACTGTGTCCAACCGA |
| | 1601 | | GGCCGAGCGCTGCATATATA | CGGACCGAGAAAGGCAAGAT |

（续表）

| | 标记[a] | 重新命名[b] | 正向引物序列（5′–3′） | 反向引物序列（5′–3′） |
|---|---|---|---|---|
| P5与P6间的62对SSR标记 | 1604 | | TGGTTGGATTGCTCGACCTG | CTAGTGAAGGACCGCCTGTC |
| | 1606 | | TGTGGTGGTGTGTAGTGGTG | GGGGTGATCGAACTGAGCTT |
| | 1607 | P17 | GCACAACCTGATTCTCCCCA | ATAGGACGAGCCGACCAAAC |
| | 1611 | | AGTCGAGACGAAGAGGACGA | CAACATTCCGCCCCGAATTC |
| | 1615 | | GGTACAGGAGGAGACAAAGTCA | CGCAAGAAGGACAGTGGCTA |
| | 1617 | | TGTTGTCTGGTCCGTACGTG | CCGTGGAACCAAATACTCCCA |
| | 1630 | | GATGAGGAACACGAGGGCAA | AATACTTCTACTGCCCTGAACTAA |
| | 1632 | | CTGCATACACGGCATCATGC | AGACGGAAGCACACACTGTT |
| | 1645 | | CTCTTAGGCGTCACCCGTTT | ATGCTCGGACGCCATAAGAG |
| | 1648 | P18 | TATGTTGTACGGGTGCTGCT | CGGTCCGGACTCTTCTCTTT |
| | 1658 | | GCGTCGAATGAGTAGGGGAG | GAACCGAACTAGCACCACCA |

注：a 表示 SSR 标记来自前人文献（Xu et al.，2013）；b 表示 SSR 标记在 *mn2* 基因定位时的重新命名。

#### 4.2.2.2 *mn2* 基因的精细定位

在标记 P5 与 P6 之间新鉴定了 62 对 SSR 标记，其中 9 个呈现多态性，分别命名为 P10 ～ P18（表 4–5）。利用 P5 和 P6 鉴定了 $BC_1$ 分离群体中的 4 347 个 *mn2* 突变体植株的基因型，分别有 8 个和 23 个交换单株。用新鉴定的 9 对多态性标记对 35（8+23+2+2）个交换单株进行基因型鉴定，分别有 9 个、9 个、9 个、9 个、7 个、3 个、0 个、4 个和 5 个交换单株，进一步将 *mn2* 基因定位在 P15 和 P17 之间的 1.34Mb 之间（图 4–2b）。用 P15 和 P17 新鉴定了 $BC_1$ 分离群体中的 4 611 个 *mn2* 突变体植株的基因型，分别有 5 个和 12 个交换单株。下载 P15 和 P17 之间的 B73 基因组序列，用 SSRHunter 1.3 软件共检索到 135 个 SSR 片段，其中 33 个为单拷贝序列（表 4–6）。设计了 11 对 SSR 标记，其中 3 对呈现多态性，分别命名为 P19 ～ P21。用 P16 和 P19 ～ P21 对 P15 与 P17 之间的 24（5+12+3+4）个交换单株的基因型进行鉴定，分别鉴定到 2 个交换单株。最终将目的基因定位在 P19 与 P20 之间的物理距离为 210kb 的区段内（图 4–2c）。

表 4–6 P15 和 P17 间的 33 个单拷贝 SSR 片段

| SSR 片段 | 重新命名[a] | Motif | 重复次数 | 正向引物序列（5′–3′） | 反向引物序列（5′–3′） |
|---|---|---|---|---|---|
| 1 | | AT | 5 | | |
| 7 | | AT | 5 | TTTCTTTCTCCAAATTGCTGACG | TTCTTGCTCGGCTGGGAC |
| 23 | P19 | TA | 5 | CGAGAGAAAGGGCTGCG | CATATGGAATGGTATTAAGCACG |
| 24 | | CGG | 6 | TAATCCCTAACTACTACGTACTGCC | GTCGGTCTCGTCGAACTGG |
| 45 | P20 | TA | 5 | GCAGGATGGCAATTTAGTG | TATTTTCGTGGTGTTTATGTTC |
| 56 | | GC | 5 | | |
| 57 | P21 | TA | 5 | CCACGCAGTAGGGCTTCATA | AATTTCGGCAGAGGGTTCTC |
| 58 | | TA | 5 | GAGAACCCTCTGCCGA | TAGATGGGTAGTCATACAGCA |
| 68 | | AG | 5 | ATGGCACTGCTCGGCTG | TTCCTGTCGTCGCTATCTCC |
| 72 | | TA | 5 | | |
| 73 | | TATC | 5 | | |
| 74 | | TA | 7 | | |
| 78 | | AC | 7 | | |
| 79 | | AT | 6 | | |
| 81 | | TCC | 12 | | |
| 82 | | GC | 5 | | |
| 83 | | TA | 5 | | |
| 84 | | AT | 6 | | |
| 87 | | TA | 5 | | |
| 90 | | CG | 6 | | |
| 91 | | TCC | 5 | | |
| 92 | | AT | 30 | | |
| 93 | | TA | 5 | | |
| 94 | | TC | 5 | TTAGTCCCAAGAAACCAAACAG | CCAAATGAATCGCCACAAA |
| 101 | | AC | 5 | GTCGTTGGGTGCGGTTCA | GGCAGGAGGTCAGCGTCA |
| 117 | | TGC | 5 | AGTGGAAAGGACGGATGA | CGAGAAGAGCAGGGTGTAA |
| 123 | | CT | 5 | | |
| 124 | | AT | 5 | GGGTGGTGGATTCTTGGGC | AGTCAAAAAGGGGTCCGGTG |
| 127 | | TA | 8 | | |

（续表）

| SSR 片段 | 重新命名[a] | Motif | 重复次数 | 正向引物序列（5′–3′） | 反向引物序列（5′–3′） |
|---|---|---|---|---|---|
| 130 | | TA | 28 | | |
| 131 | | CA | 5 | | |
| 133 | | GA | 6 | | |
| 135 | | AT | 21 | | |

注：a 为这些 SSR 标记在 *mn2* 基因定位时的重新命名。

#### 4.2.2.3 候选基因分析

利用基因分析与预测软件（www.softberry.com）对这 210kb 进行基因预测，结合 maizeGDB 网站公布的注释基因，在该区间只有 1 个功能相关候选基因 *Zm00001d019294*（图 4–2d）。该基因编码硝酸盐转运体 1.5（NRT1.5），其属于硝酸盐转运体 1（NRT1）/ 肽转运体（PTR）家族（NPF），其在拟南芥和水稻中的同源基因均未见报道与籽粒大小相关。测序发现该基因在编码区发生 1bp 缺失导致移码突变（图 4–2d、图 4–3a）。山

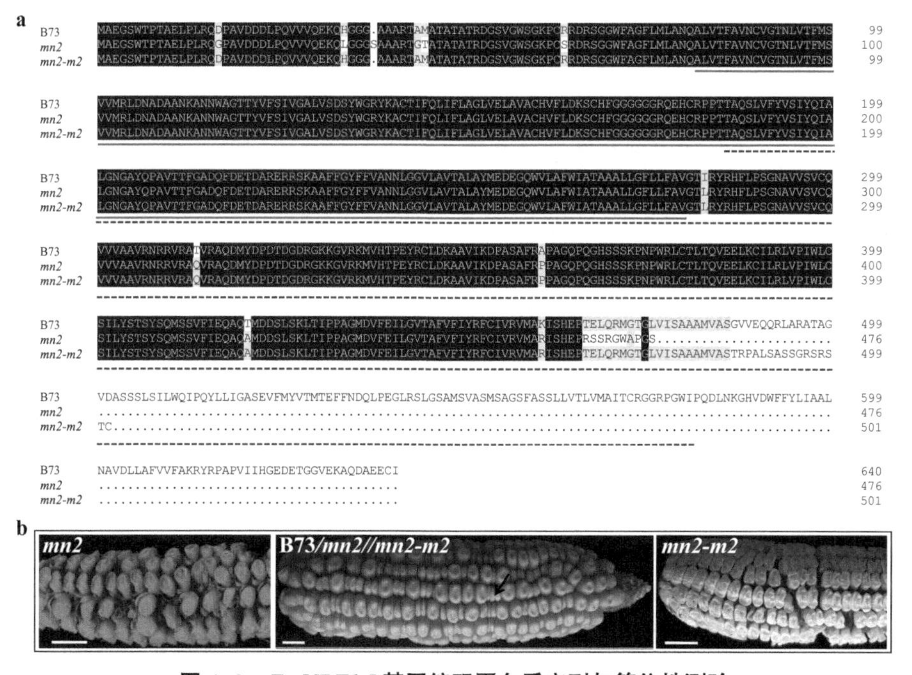


**图 4–3　*ZmNRT1.5* 基因编码蛋白质序列与等位性测验**

注：实线和方点虚线分别表示两个不同的 MFS 超家族结构域。

东省农业科学院玉米研究所育种团队发现的一个玉米小籽粒突变体 *mn2-m2* 与 *mn2* 突变体表型十分相似。对其进行了测序和等位性测验，发现在 *mn2-m2* 编码区发生了 46bp 缺失导致移码突变（图 4–2d、图 4–3a）。

### 4.2.3 等位性测验

#### 4.2.3.1 等位性验证

将 B73/*mn2* 与 *mn2-m2* 杂交，得到的 5 个果穗其籽粒表型均呈现野生型：突变型 ≈1∶1，这也说明 *mn2-m2* 与 *mn2* 来自同一基因突变（图 4–3b、表 4–7）

**表 4–7　B73/*mn2* × *mn2-m2* 果穗籽粒性状分离比**

| 组合 | 穗 | 野生型 | 突变体 | 分离比 | 卡方 | *P* 值 |
|---|---|---|---|---|---|---|
| B73/*mn2*×*mn2-m2* | 穗 –1 | 154 | 139 | 1.11 | 0.77 | $0.3<P<0.5$ |
| | 穗 –2 | 121 | 108 | 1.12 | 0.74 | $0.3<P<0.5$ |
| | 穗 –3 | 168 | 146 | 1.15 | 1.54 | $0.2<P<0.3$ |
| | 穗 –4 | 157 | 133 | 1.18 | 1.99 | $0.1<P<0.2$ |
| | 穗 –5 | 143 | 127 | 1.13 | 0.95 | $0.3<P<0.5$ |

#### 4.2.3.2 等位基因特异性分子标记开发

根据突变基因 *mn2* 第二内含子中发生的非连续 15bp 插入及突变基因 *mn2-m2* 中编码区 46bp 缺失序列分别设计如下 InDel 标记：GR–2NINDEL2F–GR–2NINDEL2R 和 46F–46R（图 4–4a、b）。另外，根据突变基因 *mn2* 编码区的单碱基缺失（G）开发了 CAPS 标记 CAPS5F–CAPS5R。扩增产物利用 BtgI（CCRYGG）37℃酶切 3h，酶切产物经 4% 琼脂糖 130V 电压下电泳 50min（图 4–4c）。

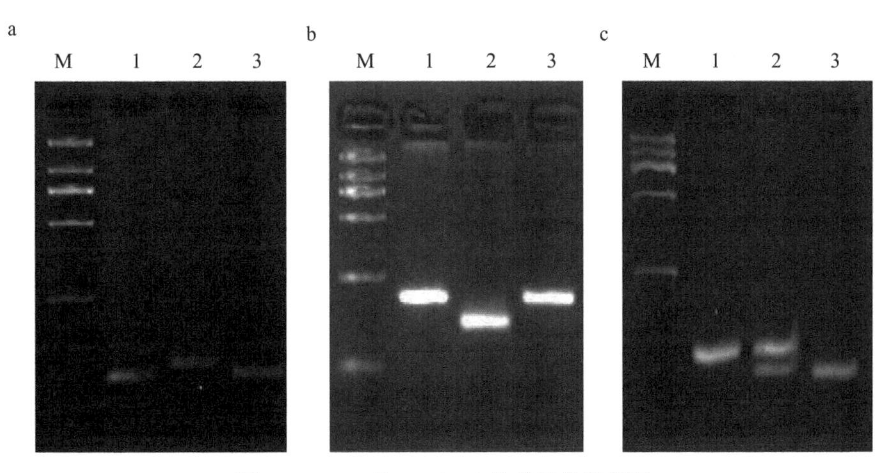


**图 4-4 *mn2* 和 *mn2-m2* 特异性分子标记**

注：a 为引物 GR-2NINDEL2F-GR-2NINDEL2R 扩增产物，1、2、3 分别为 B73-129bp、*mn2*-144bp、*mn2-m2*-130bp；b 为引物 46F-46R 扩增产物，1、2、3 分别为 B73-207bp、*mn2-m2*-161bp、*mn2*-207bp；c 为引物 CAPS5F-CAPS5R 扩增产物酶切后产物，1、2、3 分别为 B73-177bp（177，43，36，6）、B73×*mn2*-177-134bp、（177，134，43，42，36，6）、*mn2*-134bp（134，43，42，36，6）。

## 4.3 讨论与结论

玉米籽粒的大小是影响玉米的产量和品质的重要因素。本研究前期发现了一个玉米籽粒发育缺陷的突变体 *mn2*，授粉后 15d 其籽粒和胚均显著变小。遗传分析发现 *mn2* 的突变表型受单隐性核基因控制。通过图位克隆的方法分离了控制 *mn2* 表型的候选基因，其编码硝酸盐转运体 NRT1.5。等位性测验表明 *mn2* 和 *mn2-m2* 来自同一基因座。测序发现突变体 *mn2* 和 *mn2-m2* 均由于移码突变导致编码框异常，造成蛋白翻译提前终止。此外开发了 *mn2* 和 *mn2-m2* 的特异分子标记，可用于育种材料的有害突变的早期检测。

# 主要参考文献

陈宗良，2014. 玉米 *Wrk1* 基因编码 ZmTUBB5 蛋白影响姊妹染色单体的分离和胚乳的发育. 北京：中国农业大学.

胡忠，彭丽萍，蔡永华，等，1981. 一个黄绿色的水稻细胞核突变体. 遗传学，8（3）：256–261.

马志虎，颜素芳，罗秀龙，等，2001. 辣椒黄绿苗突变体对良种繁育及纯度鉴定作用. 北方园艺（3）：13–14.

邢才，王贵学，黄俊丽，等，2008. 植物叶绿素突变体及其分子机理的研究进展. 生物技术通报（5）：10–12.

张磊，2016. 玉米雄性不育基因 *MALE STERILE33* 的克隆和功能分析. 北京：中国农业大学.

赵然，蔡曼君，杜艳芳，等，2019. 玉米籽粒形成的分子生物学基础. 中国农业科学，52（20）：3495–3506.

ACOSTA I F, LAPARRA H, ROMERO S P, et al., 2009. *tasselseed1* is a lipoxygenase affecting jasmonic acid signaling in sex determination of maize. Science, 323（5911）: 262.

ALDRIDGE C, CAIN P, ROBINSON C, 2009. Protein transport in organelles: protein transport into and across the thylakoid membrane. The FEBS Journal, 276（5）: 1177–1186.

ALLEMAN M, SIDORENKO L, MCGINNIS K, et al., 2006. An RNA–dependent RNA polymerase is required for paramutation in maize. Nature, 442（7100）: 295–298.

ALMAGRO A, LIN S H, TSAY Y F, 2008. Characterization of the *Arabidopsis* nitrate transporter *NRT1.6* reveals a role of nitrate in early embryo development. The Plant Cell, 20: 3289–3299.

ANDERSON J M, ROBERTSON D S, MORRIS D W, 1991. Molecular characterization of four *shrunken* mutations induced in *Mutator* lines in *Zea mays* L. Plant Science, 77（1）: 93–101.

ASANO T, KUNIEDA N, OMURA Y, et al., 2002.Rice SPK, a calmodulin–like domain protein kinase, is required for storage product accumulation during seed development phosphorylation of sucrose synthase is a possible facto. Plant Cell, 14: 619–628.

AWAN M A, KONZAK C F, RUTGER J N, et al., 1980. Mutagenic effects of sodium azide in rice. Crop Science, 20: 663–668.

BALL S G, WAL M H, VISSER R G, 1998. Progress in understanding the biosynthesis of amylase. Trends in Plant Science, 3: 462–467.

BEALE S I, 2005. Green genes gleaned. Trends in Plant Science, 10（7）: 309–312.

BEATTY M K, RAHMAN A, CAO H, et al., 1999. Purification and molecular genetics characterization of ZPU1, a pullulanase–type starch debranching enzyme from maize. Plant Physiology, 119（1）: 255–266.

BHAVE M R, LAWRENCE S, HANNAH L C, et al., 1990. Identification and molecular characterization of *shrunken-2* cDNA clones of maize. Plant Cell, 2: 581–588.

BLAUTH S L, KIM K N, KLUCIENEC J, et al., 2002. Identification of mutator insertional mutants of starching–branching enzyme 1（*sbe1*）in *Zea mays* L. Plant Molecular Biology, 48（3）: 287–297.

BLAUTH S L, YAO Y, KLUCINEC J D, et al., 2001. Identification of mutator insertional mutants of starching–branching enzyme 2a in corn. Plant physiology, 125（3）: 1396–1405.

BORTIRI E, CHUCK G, VOLLBRECHT E, et al., 2006. *ramosa2* encodes a LATERAL ORGAN BOUNDARY domain protein that determines the fate of stem cells in branch meristems of maize. Plant Cell, 18（3）: 574–585.

BOYER C D, FISHER M B, 1984. Comparison of soluble starch synthases and branching enzymes from developing maize and teosinte seeds. Phytochemistry, 23（4）: 733–737.

BOYER C D, PREISS J,1978a. Multiple forms of（1–4）–α–D–glucan,（1–4）–α–D–glucan–6–glycosyl transferase from developing *Zea mays* L. kernels. Carbohydrate Research, 61（1）: 321–334.

BOYER C D, PREISS J, 1978b. Multiple forms of starch branching enzyme of maize: Evidence for independent genetic control. Biochemical and Biophysical Research Communications, 80（1）: 169–175.

BURR B, BURR F A, 1981. Detection of changes in maize DNA at the shrunken locus due to the intervention of *Ds* elements. Cold Spring Harbor Symposia On Quantitative Biology, 45: 463–465.

CAI M J, LI S Z, SUN F,et al., 2017. Emp10 encodes a mitochondrial PPR protein that affects the cis–splicing of *nad2* intron 1 and seed development in maize. The Plant Journal, 91: 132–144.

CANDELA H, JOHNSTON R, GERHOLD A, et al., 2008. The *milkweed pod1* gene encodes a KANADI protein that is required for abaxial/adaxial patterning in maize leaves. Plant Cell, 20（8）: 2073–2087.

CHATTERJEE M, TABI Z, GALLI M, et al., 2014. The boron efflux transporter ROTTEN EAR is required for maize inflorescence development and fertility. Plant Cell, 26: 2962–2977.

CHEN G, BI Y R, LI N,2005. *EGY1* encodes a membrane–associated and ATP–independent metalloprotease that is required for chloroplast development. Plant Journal, 41: 364–375.

CHEN H, CHENG Z J, MA X D, et al., 2013. A knockdown mutation of *YELLOW-GREEN LEAF2* blocks chlorophyll biosynthesis in rice. Plant Cell Reports, 32: 1855–1867.

CHEN J G, LIU X Q, LIU S H, et al., 2020b. Co–overexpression of *OsNAR2.1* and *OsNRT2.3a* increased agronomic nitrogen use effificiency in transgenic rice plants. Frontiers in Plant Science, 11: 1245.

CHEN Q Q, ZHANG J, WANG J, et al., 2021. *Small kernel 501*（*smk501*）encodes the RUBylation activating enzyme E1 subunit ECR1（E1 C–TERMINAL RELATED 1）and is essential for multiple aspects of cellular events during kernel development in maize. New Phytologist, 230（6）: 2337–2354.

CHEN X Z, FENG F, QI W W, et al., 2017. *Dek35* encodes a PPR protein that affects cis–splicing of mitochondrial *nad4* intron 1 and seed development in maize. Molecular Plant, 10: 427–441.

CHEN Y Q, FU Z Y, ZHANG H, et al., 2020. Cytosolic malate dehydrogenase 4 modulates cellular energetics and storage reserve accumulation in maize endosperm. Plant Biotechnology Journal, 18: 2420–2435.

CHOUREY P S, 1981. Genetic control of sucrose synthase in maize endosperm. Molecular Genetics and Genomics, 184: 372–376.

CHOUREY P S, NELSON O E, 1976. The enzymatic deficiency conditioned by the *shrunken-1* mutations in maize. Biochemical Genetics, 14（11–12）: 1041–1055.

CHOUREY P S, SCHWARTZ D, 1971. Ethyl methanesulfonate induced mutations of the Sh1 protein in maize. Mutation Research, 12: 151–157.

CHUCK G, MEELEY R, IRISH E, et al., 2007. The maize *tasselseed4* microRNA controls sex determination and meristem cell fate by targeting *Tasselseed6/indeterminate spikelet1*. Nature Genetics, 39（12）: 1517–1521.

COBB B G, HANNAH L C, 1988. *Shrunken-1* encoded sucrose synthase is not required for sucrose synthesis in the maize endosperm. Plant Physiology, 88（4）: 1219–1221.

DAI D W, LUAN S C, CHEN X Z, et al., 2018. Maize *dek37* encodes a P–type PPR protein that affects *cis*–splicing of mitochondrial *nad2* intron 1 and seed development. Genetics, 208: 1069–1082.

DAI D W, MA Z Y, SONG R T, 2021. Maize kernel development. Molecular Breeding, 41: 2.

DANG P L, BOYER C D, 1988. Maize leaf and kernel starch synthases and starch branching enzymes. Phytochemistry, 27（5）: 1255–1259.

DENG X J, ZHANG X Q, WANG Y, et al., 2014. Mapped clone and functional analysis of leaf–color gene *Ygl7* in a rice hybrid（*Oryza sativa* L.ssp.*indica*）. PLoS ONE, 9（6）: e99564.

DONG Z B, JIANG C, CHEN X Y, et al., 2013. Maize LAZY1 mediates shoot gravitropism and inflorescence development through regulating auxin transport, auxin signaling, and light response. Plant Physiology, 163: 1306–1322.

DOONER H K, NELSON O E, 1977. Controlling element–induced alterations in UDPglucose: flavonoid glucosyltransferase, the enzyme specified by the bronze locus in maize. Proceedings of the National Academy of Sciences, 74（12）: 5623–5627.

DOUGLAS R N, WILEY D, SARKAR A, et al., 2010. *ragged seedling2* encodes an ARGONAUTE7–like protein required for mediolateral expansion, but not dorsiventrality, of maize leaves. Plant Cell, 22（5）: 1441–1451.

DUNCAN K A, HARDIN S C, HUBER S C, 2006. The three maize sucrose synthase isoforms differ in distribution, localization, and phosphorylation. Plant Cell Physiology, 47: 959–971.

DURBAK A R, PHILLIPS K A, PIKE S, et al., 2014. Transport of boron by the *tassel-less1* aquaporin is critical for vegetative and reproductive development in maize. Plant Cell, 26: 2978–2995.

ERHARD K F, STONAKER J L, PARKINSON S E, et al., 2009. RNA polymerase IV functions in paramutation in *Zea mays*. Science, 323（5918）: 1201–1205.

EVANS M M S, 2007. The indeterminate gametophyte1 gene of maize encodes a LOB domain protein required for embryo sac and leaf development. Plant Cell, 19（1）: 46–62.

FALBEL T G, MEEHL J B, STAEHELIN L A, et al., 1996. Severity of mutant phenotype in a series of chlorophyll–deficient wheat mutants depends on light intensity and the severity of the block in chlorophyll synthesis. Plant Physiology, 12: 821–832.

FALBEL T G, STAEHELIN L A, 1996. Partial block in the early steps of the chlorophyll synthesis pathway Pa common feature of chlorophyll *b*–deficient mutants. Plant Physiology,

97: 311–320.

FALK S, SINNING I, 2010. cpSRP43 is a novel chaperone specific for light-harvesting chlorophyll a, b binding proteins. Journal of Biological Chemistry, 285（28）: 21655–21661.

FAN K J, REN Z J, ZHANG X F, et al., 2021. The pentatricopeptide repeat protein EMP603 is required for the splicing of mitochondrial *Nad1* intron 2 and seed development in maize. Journal of Experimental Botany, 72（20）: 6933–6948.

FANG Z M, BAI G X, HUANG W T, et al., 2017. The rice peptide transporter *OsNPF7.3* is induced by organic nitrogen, and contributes to nitrogen allocation and grain yield. Frontiers in Plant Science, 8: 1338.

FENG F, QI W W, LV Y D, et al., 2018. OPAQUE11 is a central hub of the regulatory network for maize endosperm development and nutrient metabolism. The Plant Cell, 30: 375–396.

FENG Y, MA Y F, FENG F, et al., 2022. Accumulation of 22kDa α-zein-mediated nonzein protein in protein body of maize endosperm. New Phytologist, 233: 265–281.

GALLAVOTTI A, BARAZESH S, MALCOMBER S, et al., 2008. *sparse inflorescence1* encodes a monocot-specific YUCCA-like gene required for vegetative and reproductive development in maize. Proceedings of the National Academy of Sciences, 105（39）: 15196–15201.

GAO M, WANAT J, STINARD P S, et al., 1998. Characterization of *dull1*, a maize gene coding for a novel starch synthase. Plant Cell, 10（3）: 399–412.

GHIRARDI M L, MELIS A, 1988. Chlorophyll *b* deficiency in soybean mutants effects on photo system stoichiometry and chlorophyll antenna size. Biochimica et Biophysica Acta-Bioenergetics, 93（2）: 130–137.

GLAWISCHNIG E, GIERL A, TOMAS A, et al., 2002. Starch biosynthesis and intermediary metabolism in maize kernels. Quantitative analysis of metabolite flux by nuclear magnetic resonance. Plant Physiology, 130: 1717–1727.

GREENE B A, ALLRED D R, MORISHIGE D T, et al., 1998. Hierarchical response of light harvesting chlorophyll proteins in a light-sensitive chlorophyll *b* deficient mutant of maize. Plant Physiology, 87: 357–364.

GUAN H Y, DONG Y B, LU S P, et al., 2020. Characterization and map-based cloning of *miniature2-m1*, a gene controlling kernel size in maize. Journal of Integrative Agriculture, 19（8）: 1961–1973.

GUAN H Y, XU X B, HE C M, et al., 2016. Fine mapping and candidate gene analysis of the leaf-color gene *ygl-1* in maize. PLoS ONE, 11（4）: e0153962.

GUAN Y, LIU D F, QIU J, et al., 2022. The nitrate transporter OsNPF7.9 mediates nitrate allocation and the divergent nitrate use efficiency between *indica* and *japonica* rice. Plant Physiology, 189（1）: 215–229.

HANNAH L C, NELSON O E, 1976. Characterization of ADP glucose pyrophosphorylase from *Shrunken-2* and *Brittle-2* mutants of maize. Biochemical Genetics, 14: 547–560.

HARN C, KNIGHT M, RAMAKRISHNAN A, et al., 1998. Isolation and characterization of the zSSIIa and zSSIIb starch synthase cDNA clones from maize endosperm. Plant Molecular Biology, 37（4）: 639–649.

HORN A, HENNIG J, AHMED Y L, et al., 2015. Structural basis for cpSRP43 chromodomain selectivity and dynamics in Alb3 insertase interaction. Nature Communications, 6: 8875.

HORTENSTEINER S, 2006. Chlorophyll degradation during senescence. Annual Review of Plant Biology, 57: 55–77.

HU B, JIANG Z M, WANG W, et al.,2019. Nitrate–NRT1.1B–SPX4 cascade integrates nitrogen and phosphorus signalling networks in plants. Nature Plants, 5（4）: 401–413.

HU B, WANG W, OU S J, et al., 2015. Variation in *NRT1.1B* contributes to nitrate–use divergence between rice subspecies. Nature Genetics, 47: 834–838.

HU M J, ZHAO H M, YANG B, et al., 2021. *ZmCTLP1* is required for the maintenance of lipid homeostasis and the basal endosperm transfer layer in maize kernels. New Phytologist, 232: 2384–2399.

HUEGEL R, KEELING P, JAMES M, et al., 2005. Analyzing the structure and function of maize GBSS and SSI. 47th Annual Maize Genetic Conference: 6.

HURNI S, SCHEUERMANN D, KRATTINGER S G, et al., 2015. The maize disease resistance gene *Htn1* against northern corn leaf blight encodes a wall–associated receptor–like kinase. Proceedings of the National Academy of Sciences, 112（28）: 8780–8785.

IMPARL–RADOSEVICH J M, LI P, ZHANG L, et al., 1998. Purification and characterization of maize starch synthase I and its truncated forms. Archives of Biochemistry and Biophysics, 353（1）: 64–72.

BAE J M, GIROUX M, HANNAH L, 1996. Cloning and characterization of the *Brittle-2* gene of maize. Maydica, 35(4): 317–322.

JIANG F K, GUO M, YANG F, et al., 2012. Mutations in an *AP2* transcription factor–like gene affect internode length and leaf shape in maize. PLoS ONE, 7（5）: e37040.

JOHNSON E, DOWD P F, LIU Z L, et al., 2011. Comparative transcription profiling analyses of maize reveals candidate defensive genes for seedling resistance against corn earworm. Molecular Genetics and Genomics, 285（6）: 517–525.

KANG B H, XIONG Y Q, WILLIAMS D S, et al., 2009. *Miniature1*–encoded cell wall invertase is essential for assembly and function of wall–in–growth in the maize endosperm transfer cell. Plant Physiology, 151：1366–1376.

KIM Y K, LEE J Y, CHO H S, et al., 2005. Inactivation of organellar glutamyl and seryl–tRNA synthetases leads to developmental arrest of chloroplasts and mitochondria in higher plants. Journal of Biological Chemistry, 280: 37098–37106.

KIRST H, GARCIA–CERDAN J G, ZURBRIGGEN A, et al., 2012. Truncated phytosystem chlorophyll antenna size in the green microalga Chlamydomonas reinhardtii upon deletion of the *TLA3-CpSRP43* gene. Plant Physiology, 160: 2251–2260.

KLENELL M, MORITA S, TIEMBLO–OLMO M, et al., 2005. Involvement of the chloroplast signal recognition particle cpSRP43 in acclimation to conditions promoting photooxidative stress in *Arabidopsis*. Plant Cell Physiology, 46（1）: 118–129.

KLIMYUK V I, PERSELLO–CARTIEAUX F, HAVAUX M, et al., 1999. A chromodomain protein encoded by the Arabidopsis CAO gene is a plant–specific component of the chloroplast signal recognition particle pathway that is involved in LHCP targeting. Plant Cell, 11: 87–99.

KLÖSGEN R B, GIERL A, SCHWARZ–SOMMER Z, et al., 1986. Molecular analysis of the waxy locus of *Zea mays*. Molecular and General Genetics, 203（2）: 237–244.

KLUCINEC J D, THOMPSON D B, 2002. Structure of amylopectins from *ae* containing maize starches. Cereal Chemistry, 79（1）: 19–23.

KNIGHT M E, HARN C, LILLEY C E R, et al., 1984. Molecular cloning of starch synthase I from maize (W64A) endosperm and expression in Escherichia coli. Plant Journal, 14（5）: 613–622.

KROL M, SPANGFORT M D, HUNER N P, 1995. Chlorophyll a/b binding proteins, pigment conversions and early light induced proteins in a chlorophyll b less barley mutant. Plant Physiology, 107: 873–883.

KUSABA M, ITO H, MORITA R, et al., 2007. Rice non–yellow coloring1 is involved in light–harvesting complex Ⅱ and grana degradation during leaf senescence. Plant Cell, 19: 1362–1375.

KUSUMI K, YARA A, MITSUI N, et al., 2004. Characterization of a rice nuclear–encoded plastid RNA polymerase gene *OsRpoTp*. Plant and Cell Physiology, 45（9）: 1194–1201.

LEONARD A, HOLLOWAY B, GUO M, et al., 2014. *Tassel-less1* encodes a boron channel protein required for inflorescence development in maize. Plant and Cell Physiology, 55（6）: 1044–1054.

LI P, PONNALA L, GANDOTRA N, et al., 2010. The developmental dynamics of the maize leaf transcriptome. Nature Genetics, 42（12）: 1060–1067.

LI Q , WAN J M 2005. SSRHunter: development of a local searching software for SSR sites. Hereditas, 27（5）: 808–810.

LI Q, WANG J C, YE J W, et al., 2017. The maize imprinted gene *Floury3* encodes a PLATZ protein required for tRNA and 5S rRNA transcription through interaction with RNA polymerase Ⅲ. The Plant Cell, 29: 2661–2675.

LI X, HENRY R, YUAN J, et al., 1995. A chloroplast homologue of the signal recognition particle subunit SRP54 is involved in the posttranslational integration of a protein into thylakoid membranes. Cell Biology, 92: 3789–3793.

LI X J, GU W, SUN S L, et al., 2018. *Defective Kernel 39* encodes a PPR protein required for seed development in maize. Journal of Integrative Plant Biology, 60（1）: 45–64.

LI X L, HUANG W L, YANG H H, et al., 2019. EMP18 functions in mitochondrial *atp6* and *cox2* transcript editing and is essential to seed development in maize. New Phytologist, 221: 896–907.

LI X J, ZHANG Y F, HOU M M, et al., 2014. *Small kernel 1* encodes a pentatricopeptide repeat protein required for mitochondrial *nad7* transcript editing and seed development in maize (*Zea mays*) and rice (*Oryza sativa*). The Plant Journal, 79: 797–809.

LIN S H, KUO H F, CANIVENC G, et al., 2008. Mutation of the *Arabidopsis NRT1.5* nitrate transporter causes defective root-to-shoot nitrate transport. The Plant Cell, 20: 2514–2528.

LIU H J, SHI J P, SUN C L, et al., 2016. Gene duplication confers enhanced expression of 27-kDa γ-zein for endosperm modification in quality protein maize. Proceedings of the National Academy of Sciences, 13（18）: 4964–4969.

LIU Y J, GUO Y L, MA C Y, et al., 2016. Transcriptome analysis of maize resistance to *Fusarium graminearum*. BMC genomics, 17: 477.

LIU Y J, XIU Z H, MEELEY R, et al., 2013. *Empty pericarp5* encodes a pentatricopeptide repeat protein that is required for mitochondrial RNA editing and seed development in maize. The Plant Cell, 25: 868–883.

LU X M, HU X J, ZHAO Y Z, et al., 2012. Map-based cloning of *zb7* encoding an IPP and DMAPP synthase in the MEP pathway of maize. Molecular Plant, 5（5）: 1100–1112.

LV H K, ZHENG J, WANG T Y, et al., 2014. The maize *d2003*, a novel allele of *VP8*, is required for maize internode elongation. Plant Molecular Biology, 84: 243–257.

LV X G, SHI Y F, XU X, et al., 2015. Oryza sativa chloroplast signal recognition particle 43（OscpSRP43）is required for chloroplast development and photosynthesis. PLoS ONE, 10（11）: e0143249.

MAKAREVITCH I, THOMPSON A, MUEHLBAUER G J, et al., 2012. *Brd1* gene in maize encodes a brassinosteroid C–6 oxidase. PLoS ONE, 7（1）: e30798.

MICHELMORE R W, PARAN I, KESSELI R V, 1991. Identification of markers linked to disease–resistance genes by bulked segregant analysis: a rapid method to detect markers in specific genomic regions by using segregating populations. Proceedings of the National Academy of Sciences, 88（21）: 9828.

MOORE M, GOFORTH R L, MORI H, et al., 2003. Functional interaction of chloroplast SRP/FtsY with the ALB3 translocase in thylakoids: substrate not required. Journal of Cell Biology, 162（7）: 1245–1254.

MORITA R, SATO Y, MASUDA Y, et al., 2009. Defect in non–yellow coloring 3, an alpha/beta hydrolase–fold family protein, causes a stay–green phenotype during leaf senescence in rice. Plant Journal, 59: 940–952.

MOTOHASHI R, ITO T, KOBAYASHI M, et al., 2003. Functional analysis of the 37 kDa inner envelope membrane polypeptide in chloroplast biogenesis using a *Ds*–tagged *Arabidopsis* pale–green mutant. Plant Journal, 34（5）: 719–731.

MU–FORSTER C, HUANG R, POWERS J R, et al., 1996. Physical association of starch biosynthetic enzymes with starch granules of maize endosperm. Granule–associated forms of starch synthase I and starch branching enzyme Ⅱ. Plant Physiology, 111（3）: 821–829.

NAESTED H, HOLM A, JENKINS T, et al., 2004. *Arabidopsis VARIEGATED 3* eneodes a chloroplast targeted, zinc–finger Protein required for chloroplast and palisade cell development. Joumal of Cell Science, 117: 4807–4818.

NESTLER J, LIU SZ, WEN TJ, et al., 2014. *Roothairless5*, which functions in maize（*Zea mays* L.）root hair initiation and elongation encodes a monocot–specific NADPH oxidase. Plant Journal, 79: 729–740.

NIE S J, WANG B, DING H P, et al., 2021. Genome assembly of the Chinese maize elite inbred line RP125 and its EMS mutant collection provide new resources for maize genetics research and crop improvement. The Plant Journal, 108: 40–54.

NILSSON R, WIJK K J, 2002. Transient interaction of cpSRP54 with elongating nascent chains of the chloroplast-encoded D1 protein: cpSRP54 caught in the act. FEBS Letters, 524: 127–133.

NOHARA T, ASAI T, NAKAI J, et al., 1996. Cytochrome f encoded by the chloroplast genome is imported into thylakoids via the SecA-dependent pathway. Biochemical and Biophysical Research Communications, 224: 474–478.

OU L J, YANG T Z, WU H X, et al., 2010. A yellow-green mutant for breeding and purity testing of hybrid rice. Seed Science and Technology, 38: 184–192.

PAN Z Y, LIU M, XIAO Z Y, et al., 2019. ZmSMK9, a pentatricopeptide repeat protein, is involved in the *cis*-splicing of *nad5*, kernel development and plant architecture in maize. Plant Science, 288: 110205.

PHILLIPS K A, SKIRPAN A L, LIU X, et al., 2011. *Vanishing tassel2* encodes a grass-specific tryptophan aminotransferase required for vegetative and reproductive development in maize. Plant Cell, 23（2）: 550–566.

PISKOZUB M, KRÓLICZEWSKA B, KRÓLICZEWSKI J, 2015. Ribosome nascent chain complexes of the chloroplastencoded cytochrome b6 thylakoid membrane protein interact with cpSRP54 but not with cpSecY. Journal of Bioenergetics and Biomembranes, 47（3）: 265–278.

QI W W, YANG Y, FENG X Z, et al., 2017. Mitochondrial unction and maize kernel development requires dek2, a pentatricopeptide repeat protein involved in *nad1* mRNA splicing. Genetics, 205: 239–249.

QI W W, ZHU J, WU Q, et al., 2016. Maize *reas1* mutant stimulates ribosome use efficiency and triggers distinct transcriptional and translational responses. Plant Physiology, 170: 971–988.

RAHMAN A, WONG K S, JANE J L, et al., 1998. Characterization of SUI isoamylase, a determinant of storage starch structure in maize. Plant Physiology, 117（2）: 425–435.

REN G, AN K, LIAO Y, et al., 2007. Identification of a novel chloroplast protein AtNYE1 regulating chlorophyll degradation during leaf senescence in *Arabidopsis*. Plant Physiology, 144: 1429–1441.

RONG H, TANG Y Y, ZHANG H, et al., 2013. The *Stay-Green Rice like*（*SGRL*）gene regulates chlorophyll degradation in rice. Journal of Plant Physiology, 170: 1367–1373.

SAKURABA Y, CHAGANZHANA, MABUCHI A, et al., 2021. Enhanced *NRT1.1/NPF6.3* expression in shoots improves growth under nitrogen deficiency stress in *Arabidopsis*. Communications Biology, 4: 256.

SALVI S, SPONZA G, MORGANTE M, et al., 2007. Conserved noncoding genomic sequences associated with a flowering-time quantitative trait locus in maize. Proceedings of the National Academy of Sciences, 104（27）: 11376–11381.

SATOH-NAGASAWA N, NAGASAWA N, MALCOMBER S, et al., 2006. A trehalose metabolic enzyme controls inflorescence architecture in maize. Nature, 441（7090）: 227–230.

SAWERS R J, LINLEY P J, FARMER P R, et al., 2002. *elongated mesocotyl1*, a phytochrome-deficient mutant of maize. Plant Physiology, 130（1）: 155–163.

SAWERS R J, LINLEY P J, GUTIERREZ M J F, et al., 2004. The *Elm1*（Zm*Hy2*）gene of maize encodes a phytochromobilin synthase. Plant Physiology, 136: 2771–2781.

SAWERS R J, VINEY J, FARMER P R, et al., 2006. The maize *Oil Yellow1*（*Oy1*）gene encodes the I subunit of magnesium chelatase. Plant Molecular Biology, 60: 95–106.

SCHELBERT S, AUBRY S, BURLA B, et al., 2009. Pheophytin pheophorbide hydrolase（pheophytinase）is involved in chlorophyll breakdown during leaf senescence in *Arabidopsis*. Plant Cell, 21: 767–785.

SCHNABLE P S, WARE D, FULTON R S, et al., 2009. The B73 maize genome: complexity, diversity, and dynamics. Science, 326: 1112–1115.

SCHULTES N P, SAWERS R J, 2000. Maize *high chlorophyll fluorescent 60* mutation is caused by an *Ac* disruption of the gene encoding the chloroplast ribosomal small subunit protein 17. Plant Journal, 21（4）: 312–327.

SHI D Y, ZHENG X, LI L, et al., 2013. Chlorophyll deficiency in the maize *elongated mesocotyl2* mutant is caused by a defective heme oxygenase and delaying grana stacking. PLoS ONE, 8（11）: e80107.

SHI Y C, SEIB P A, 1995. Fine-structure of maize starches from four wxcontaining genotypes of the W64A inbred line in relation to gelatinization and retrogradation. Carbohydrate Polymers, 26（2）: 141–147.

SHURE M, WESSLER S, FEDEROFF N, 1983. Molecular identification and isolation of the Waxy locus in maize. Cell, 35（1）: 225–233.

SOSSO D, CANUT M, GENDROT G, et al., 2012. *PPR8522* encodes a chloroplast-targeted pentatricopeptide repeat protein necessary for maize embryogenesis and vegetative development. Journal of Experimental Botany, 63（16）: 5843–5857.

SOSSO D, LUO D P, LI Q B, et al., 2015. Seed filling in domesticated maize and rice depends on SWEET-mediated hexose transport. Nature Genetics, 47: 1489–1493.

SPIELBAUERA G, MARGLA L, HANNAH L C, et al., 2006. Robustness of central carbohydrate metabolism in developing maize kernels. Phytochemistry, 67（14）: 1460–1475.

STENGEL K F, HOLDERMANN I, CAIN P, et al., 2008. Structural basis for specific substrate recognition by the chloroplast signal recognition particle protein cpSRP43. Science, 321（5886）: 253–256.

SUN F, XIU Z H, JIANG R C, et al., 2019. The mitochondrial pentatricopeptide repeat protein EMP12 is involved in the splicing of three *nad2* introns and seed development in maize. Journal of Experimental Botany, 70（3）: 963–972.

SUN F, WANG X M, BONNARD G, et al., 2015. *Empty pericarp7* encodes a mitochondrial E–subgroup pentatricopeptide repeat protein that is required for *ccmFN* editing, mitochondrial function and seed development in maize. The Plant Journal, 84: 283–295.

SUN F, ZHANG X Y, SHEN Y, et al., 2018. The pentatricopeptide repeat protein EMPTY PERICARP8 is required for the splicing of three mitochondrial introns and seed development in maize. The Plant Journal, 95: 919–932.

SUN F A, DING L, FENG W Q, et al., 2021. Maize transcription factor *ZmBES1/BZR1-5* positively regulates kernel size. Journal of Experimental Botany, 72（5）: 1714–1726.

SUZUKI J Y, BOLLIVAR D W, BAUER C E, 1997. Genetic analysis of chlorophyll biosynthesis. Annual Review of Genetics, 31: 61–89.

TANAKA R, TANAKA A, 2007. Tetrapyrrole biosynthesis in higher plants. Annual Review of Plant Biology, 58: 321–346.

TANG H M, LIU S, HILL–SKINNER S, et al., 2014. The maize brown *midribz*(*bmz*)gene encodes a methylenetetrahydrofolate reductase that contributes to lignin accumulation. Plant Journal, 2014, 77（3）: 380–392.

TANG W J, YE J, YAO X M, et al., 2019. Genome–wide associated study identifies *NAC42*–activated nitrate transporter conferring high nitrogen use efficiency in rice. Nature Communications, 10: 5279.

TARAMINO G, SAUER M, STAUFFER J L, et al., 2007. The maize（*Zea mays* L.）*RTCS* gene encodes a LOB domain protein that is a key regulator of embryonic seminal and post–embryonic shoot–borne root initiation. Plant Journal, 50（4）: 649–659.

TAUTZ D, 1989. Hypervariability of simple sequences as a general source for polymorphic DNA markers. Nucleic Acids Research, 17: 6463–6471.

TENG F, ZHAI L H, LIU R X, et al., 2013. *ZmGA3ox2*, a candidate gene for a major QTL, *qPH3.1*, for plant height in maize. Plant Journal, 73: 405–416.

TERRY M J, KENDRICK R E, 1999. Feedback inhibition of chlorophyll synthesis in the phytochrome chromophore–deficient *aurea* and *yellow-green-2* mutants of tomato. Plant Physiology, 119: 143–152.

THOMPSON B E, BARTLING L, WHIPPLE C, et al., 2009. *bearded-ear* encodes a MADS box transcription factor critical for maize floral development. Plant Cell, 21（9）: 2578–2590.

THOMPSON B E, BASHAM C, HAMMOND R, et al., 2014. The *dicer-like1* homolog *fuzzy tassel* is required for the regulation of meristem determinacy in the inflorescence and vegetative growth in maize. Plant Cell, 26（12）: 4702–4717.

TIAN X Q, LING Y H, FANG L K, et al., 2013. Gene cloning and functional analysis of *yellow green leaf 3*（*ygl3*）gene during the whole–plant growth stage in rice. Genes and Genomics, 35: 87–93.

TSAY Y F, CHIU C C, TSAI C B, et al., 2007. Nitrate transporters and peptide transporters. FEBS Letters, 581: 2290–2300.

TSAY Y F, SCHROEDER J I, FELDMANN K A, et al., 1993. The herbicide sensitivity gene *CHL1* of *Arabidopsis* encodes a nitrate–inducible nitrate transporter. Cell, 72: 705–713.

TU C J, PETERSON E C, HENRY R, et al., 2000. The L18 domain of light–harvesting chlorophyll proteins binds to chloroplast signal recognition particle 43. Journal of Biological Chemistry, 275（18）: 13187–13190.

TZVETKOVA–CHEVOLLEAU T, HUTIN C, Noel L D, et al., 2007. Canonical signal recognition particle components can be bypassed for posttranslational protein targeting in chloroplasts. Plant Cell, 19: 1635–1648.

URBISCHEK M, VON BRAUN S N, BRYLOK T, et al., 2015. The extreme Albino3（Alb3）C terminus is required for Alb3 stability and function in Arabidopsis thaliana. Planta, 242: 733–746.

WANG D X, SKIBBE D S, WALBOT V, 2013. Maize *Male sterile 8*（*Ms8*）, a putative b–1, 3–galactosyltransferase, modulates cell division, expansion, and differentiation during early maize anther development. Plant Reproduction, 26: 329–338.

WANG F H, WANG G X, LI X Y, et al., 2008. Heredity, physiology and mapping of a chlorophyll content gene of rice（*Oryza sativa* L.）. Plant Physiology, 165: 324–330.

WANG G, QI W W, WU Q, et al., 2014. Identification and characterization of maize *floury4* as a novel Semidominant opaque mutant that disrupts protein body assembly. Plant Physiology,

165: 582–594.

WANG G, SUN X L, WANG G F, et al., 2011. *Opaque7* encodes an acyl–activating enzyme–like protein that affects storage protein synthesis in maize endosperm. Genetics, 189（4）: 1281–1295.

WANG G, ZHANG J S, WANG G F, et al., 2014. *Proline responding1* plays a critical role in regulating general protein synthesis and the cell cycle in maize. Plant Cell, 26（6）: 2582–2600.

WANG G, ZHONG M Y, SHUAI B L, et al., 2017. E+ subgroup PPR protein defective kernel 36 is required for multiple mitochondrial transcripts editing and seed development in maize and *Arabidopsis*. New Phytologist, 214: 1563–1578.

WANG G F, WANG F, WANG G, et al., 2012. *Opaque1* encodes a myosin XI motor protein that is required for endoplasmic reticulum motility and protein body formation in maize endosperm. Plant Cell, 24: 3447–3462.

WANG H, NUSSBAUM–WAGLER T, LI B L, et al., 2005. The origin of the naked grains of maize. Nature, 436（7051）: 714–719.

WANG J, LU K, NIE H P, et al., 2018b. Rice nitrate transporter *OsNPF7.2* positively regulates tiller number and grain yield. Rice, 2018b, 11: 12.

WANG P R, GAO J X, WAN C M, 2010. Divinyl chlorophyll（ide）a can be converted to monovinyl chlorophyll（ide）a by divinyl reductase in rice. Plant Physiology, 53（3）: 994–1003.

WANG Q, WANG M M, CHEN J, et al., 2022. *ENB1* encodes a cellulose synthase 5 that directs synthesis of cell wall ingrowths in maize basal endosperm transfer cells. The Plant Cell, 34: 1054–1076.

WANG W, HU B, YUAN D Y, et al., 2018a. Expression of the nitrate transporter gene *OsNRT1.1A/OsNPF6.3* confers high yield and early maturation in rice. The Plant Cell, 30: 638–651.

WANG Y, LIU X Y, HUANG Z Q, et al., 2021. PPR–DYW protein EMP17 is required for mitochondrial RNA editing, complex Ⅲ biogenesis, and seed development in maize. Frontiers in Plant Science, 12: 693272.

WANG Z W, ZHANG T Q, XING Y D, et al., 2016. *YGL9*, encoding the putative chloroplast signal recognition particle 43 kDa protein in rice, is involved in chloroplast development. Journal of Integrative Agriculture, 15（5）: 944–953.

WHIPPLE C J, HALL D H, DEBLASIO S, et al., 2010. A conserved mechanism of bract suppression in the grass family. Plant Cell, 22（3）: 565–578.

WHIPPLE C J, KEBROM T H, WEBER A L, et al., 2011. *grassy tillers1* promotes apical dominance in maize and responds to shade signals in the grasses. Proceedings of the National Academy of Sciences, 108（33）: E506–E512.

WOODWARD J B, ABEYDEERA N D, PAUL D, et al., 2010. A maize thiamine auxotroph is defective in shoot meristem maintenance. Plant Cell, 22（10）: 3305–3317.

WU Z M, ZHANG X, HE B, et al., 2007. A chlorophyll–deficient rice mutant with impaired chlorophyllide esterification in chlorophyll biosynthesis. Plant Physiology, 145: 29–40.

WUTHRICH K L, BOVET L, HUNZIKER P E, et al., 2000. Molecular cloning, functional expression and characterization of RCC reductase involved in chlorophyll catabolism. Plant Journal, 21（2）: 189–198.

XIAO Y N, THATCHER S, WANG M, et al., 2016. Transcriptome analysis of near–isogenic lines provides molecular insights into starch biosynthesis in maize kernel. Journal of Integrative Plant Biology, 58（8）: 713–723.

XING A Q, GAO Y F, YE L F, et al., 2015. A rare SNP mutation in *Brachytic2* moderately reduces plant height and increases yield potential in maize. Journal of Experimental Botany, 66（14）: 3791–3802.

XING A Q, WILLIAMS M E, BOURETT T M, et al., 2014. A pair of homoeolog *ClpP5* genes underlies a *virescent yellow-like* mutant and its modifier in maize. Plant Journal, 79: 192–205.

XU C H, SHEN Y, LI C L, et al., 2021a. *Emb15* encodes a plastid ribosomal assembly factor essential for embryogenesis in maize. The Plant Journal, 106: 214–227.

XU C H, SONG S, YANG Y Z, et al., 2021b. *DEK46* performs C–to–U editing of a specific site in mitochondrial *nad7* introns that is critical for intron splicing and seed development in maize. The Plant Journal, 103（5）: 1767–1782.

XU J, LIU L, XU Y B, et al., 2013. Development and characterization of simple sequence repeat markers providing genome–wide coverage and high resolution in maize. DNA Research, 20: 497–509.

XU J, SHANG L G, WANG J J, et al., 2021b. The *SEEDLING BIOMASS 1* allele from *indica* rice enhances yield performance under low–nitrogen environments. Plant Biotechnology Journal, 19: 1681–1683.

YAMAMOTO H Y, BASSI R, 1996. Carotenoids: Localization and function. In: ORT D R, YOCUM C F（eds）, Oxygenic photosynthesis: the light reactions. Kluwer, The

Netherlands：539–563.

YANG F, BUI H T, PAUTLER M, et al., 2015. A maize glutaredoxin gene, *abphyl2*, regulates shoot meristem size and phyllotaxy. Plant Cell, 27: 121–131.

YANG T, GUO L X, JI C, et al., 2021. The B3 domain-containing transcription factor *ZmABI19* coordinates expression of key factors required for maize seed development and grain filling. The Plant Cell, 33: 104–128.

YANG Y Z, DING S, WANG H C, et al., 2017. The pentatricopeptide repeat protein EMP9 is required for mitochondrial *ccmB* and *rps4* transcript editing, mitochondrial complex biogenesis and seed development in maize. New Phytologist, 214: 782–795.

YAO D S, QI W W, LI X, et al., 2016. Maize *opaque10* encodes a cereal-specific protein that is essential for the proper distribution of zeins in endosperm protein bodies. PLoS Genetics, 12（8）: e1006270.

YI F, GU W, LI J F, et al., 2021. *Miniature Seed6*, encoding an endoplasmic reticulum signal peptidase, is critical in seed development. Plant Physiology, 185: 985–1001.

YI G, NEELAKANDAN A K, GONTAREK B C, 2015. The naked endosperm genes encode duplicate INDETERMINATE domain transcription factors required for maize endosperm cell patterning and differentiation. Plant Physiology, 167: 443–456.

YU J, HU S N, WANG J, et al., 2002. A draft sequence of the rice genome（*Oryza sativa* L.ssp indica）. Science, 296: 79–92.

YUAN N N, WANG J C, ZHOU Y, et al., 2019. *EMB-7L* is required for embryogenesis and plant development in maize involved in RNA splicing of multiple chloroplast genes. Plant Science, 287: 110203.

YUAN R C, THOMPSON D B, BOYER C D, 1993. Fine-structure of amylopectin in relation to gelatinization and retrogradation behavior of maize starches from 3 *wx*-containing genotypes in 2 inbred lines. Cereal Chemistry, 70（1）: 81–89.

ZANG J, HUO Y Q, LIU J, 2020. Maize *YSL2* is required for iron distribution and development in kernels. Journal of Experimental Botany, 71（19）: 5896–5910.

ZHANG H T, LI J J, YOO J H, et al., 2006. Rice *Chlorina-1* and *Chlorina-9* encode ChlD and ChlI subunits of Mg-chelatase, a key enzyme for chlorophyll synthesis and chloroplast development. Plant Molecular Biology, 62: 325–337.

ZHANG J, KU L X, HAN Z P, et al., 2014. The *ZmCLA4* gene in the *qLA4-1* QTL controls leaf angle in maize（*Zea mays* L.）. Journal of Experimental Botany, 65（17）: 5063–5076.

ZHANG K, WANG F, LIU B Y, et al., 2021. *ZmSKS13*, a cupredoxin domain-containing protein, is required for maize kernel development via modulation of redox homeostasis. New Phytologist, 229: 2163–2178.

ZHANG M, ZHANG X, MYERS A, et al., 2005. Direct and indirect effects of altered *Du1* gene expression on starch structure determination. 47th Annual Maize Genetic Conference: 19.

ZHANG M, ZHAO H N, XIE S J, et al., 2011. Extensive, clustered parental imprinting of protein-coding and noncoding RNAs in developing maize endosperm. Proceedings of the National Academy of Sciences, 108（50）: 20042–20047.

ZHANG X, COLLEONI C, RATUSHNA V, et al., 2004. Molecular characterization demonstrates that the *Zea mays* gene *sugary2* codes for the starch synthase isoform SSIIa. Plant Molecular Biology, 54（6）: 865–879.

ZHAO H L, QIN Y, XIAO Z Y, et al., 2020. Loss of function of an RNA polymerase Ⅲ subunit leads to impaired maize kernel development. Plant Physiology, 184: 359–373.

ZHAO Y, DU L F, YANG S H, et al., 2001. Chloroplast composition and structure differences in a chlorophyll-reduced mutant of oilseed rape seedlings. Acta Boanicat Sinica, 43（8）: 877–880.

ZHAO Y, WANG M L, ZHANG Y Z, et al., 2000. A chlorophyll-reduced seedling mutant in oilseed rape, *Brassica napus*, for utilization in $F_1$ hybrid production. Plant Breeding, 119（2）: 131–135.

ZHENG P Z, ALLEN W B, ROESLER K, et al., 2008. A phenylalanine in DGAT is a key determinant of oil content and composition in maize. Nature Genetics, 40（3）: 367–372.

ZHENG P Z, BABAR M D A, PARTHASARATHY S, et al., 2014. A truncated FatB resulting from a single nucleotide insertion is responsible for reducing saturated fatty acids in maize seed oil. Theoretical and Applied Genetics, 127: 1537–1547.

ZUO W L, CHAO Q, ZHANG N, et al., 2015. A maize wall-associated kinase confers quantitative resistance to head smut. Nature Genetics, 47（2）: 151–157.